# 天生偏执狂

NATURAL
PARANOIA

曹辉 著

## 每天读懂一点行为心理学

文汇出版社

**图书在版编目 (CIP) 数据**

天生偏执狂 / 曹辉著. — 上海 ：文汇出版社，
2017.12
　ISBN 978-7-5496-2365-5

　Ⅰ. ①天… Ⅱ. ①曹… Ⅲ. ①心理学 - 通俗读物
Ⅳ. ① B848.4-49

中国版本图书馆 CIP 数据核字 (2017) 第 275404 号

**天生偏执狂**

**著　　者** / 曹　辉
**责任编辑** / 戴　铮
**装帧设计** / 天之赋设计室

**出版发行** / **文匯**出版社
　　　　　　上海市威海路 755 号
　　　　　　（邮政编码：200041）
**经　　销** / 全国新华书店
**印　　制** / 河北浩润印刷有限公司
**版　　次** / 2017 年 12 月第 1 版
**印　　次** / 2022 年 07 月第 2 次印刷
**开　　本** / 710×1000　1/16
**字　　数** / 149 千字
**印　　张** / 15

**书　　号** / ISBN 978-7-5496-2365-5
**定　　价** / 45.00 元

# 引　言

心路是世间最难走的一条路，这条路如果走好了，将会游刃有余地抵达成功。但是，这显然也是一条崎岖的路，并不好走。所以，了解自己与了解别人，对我们而言很有必要，因为这是我们通往成功的必要前提。

人格增魅力，动机促成功。人格与动机就像武侠小说里人人虎视眈眈的"武功秘籍"，而他们的行为活动就好比"华山论剑"。

探知自我心灵本原的同时，还能够洞悉别人的心理，这绝对是双赢，更是接近成功的不二法门。

这方面，弗洛伊德早在一百多年前就给我们做出了榜样。非但如此，他还细化研究并整理出一门学问，成为了解人类动机和行为的有效方法。因此，这也使他成为那时至今可圈可点的名人之一。他的精彩之处正在于，他带给后世一种新思维的开启和延伸。

活着是本能。人活于世，实质上重要的事情不外有二：爱情和工作。概括地说，爱情和工作又完全渗透到日常生活之中，它们是无法割裂开来的生活的一部分。

科学地了解他人的动机和行为，是一个人成功的必备条件之一，对其人生之路有着极其重要的意义。

这方面，弗洛伊德是先驱。先驱的作用，一是开路；二是给后人树靶子。有意思的是，一和二，弗洛伊德皆占了。

更好地了解他人的动机和行为，从而避免不必要的麻烦，能在有所参照的前提下，快速读懂一个人，这是人格理论的精华所在。它包括意识层次理论、人格结构理论和人格发展理论。

中国的理论与外国的理论，虽然有东、西方体系的差别，但本质上殊途同归。

本我、自我、超我，三者之间相互区别，又相互联系。

本我是人格结构中最原始的部分，从出生之日起即已存在。构成本我的成分是人类的基本需求，如饥、渴、性三者均是。

自我是个体出生后，在现实环境中由本我中分化发展而来的。由本我而来的各种需求，如不能在现实中立即获得满足，就必须迁就现实的限制，并学习如何在现实中获得需求的满足。

超我是人格结构中居于管制地位的最高部分，是由个体在生活中接受社会文化道德规范的教养而逐渐形成的。

"食、色，性也。"这是具有中国特色的一种人性结论。其中，"性"是本性，它可以被解释为基本需要和特殊需要的差别。

至于《梦的解析》，很多人说因为它是"猛料"，所以到现在一直很畅销，但也被一些人视为洪水猛兽。事实上，性是不必谈之色变的一种存在。但由于东、西方文化的差异，东方人对此比较敏感，通常避而不谈。

弗洛伊德的精神分析理论究竟是否属于伪科学，至今争论不休，各说各有理。其实，通过阅读我们能够发现，弗洛伊德及其精神分析理论有很多有价值的观点。

学习心理学，首先是为了更好地了解自己，而不是分析他人。但到了一定程度，我们就能下意识地分析他人，这对自己的人生当然有所裨益。

没有一件事是偶然的，梦也不例外——它绝不是偶然形成的联想，而是"愿望的达到"。

在睡眠时，超我的检查松懈，潜意识中的欲望绕过抵抗，并以伪装的方式乘机闯入意识而形成梦。可见，梦是对清醒时被压抑到潜意识中的欲望的一种委婉表达。

我觉得，心灵本原是一门大学问，细究来还是挺有意思的——不但值得深思，还能使我们得到裨益。

如果你对那隐藏在背后，带给你无法挣脱的欲望、幻想，却操纵着一切思想、情绪的那个不曾好好认识过的"我"产生诸多疑惑，那么，不妨研究一下心灵本原这门学问——相信它能带给你一些启发。

心灵本原能让我们认清自己、读懂别人，所以，对心灵的探索能成为永恒的话题也就在情理之中了。

比如，不论是孔子说的"唯女子与小人难养也"，还是弗洛伊德说的"不要去了解女人，因为女人都是疯子"，都有它存在的客观基础。此外，"女人都是疯子"，也可能等同于我们说的"女人是老虎"。

事实上，人太精明或者看透红尘并不好，因为有些事被你看透了之后，往往会破坏美感和诗意。不过，有时候能看开点儿倒也不错。

# 目　录
## Contents

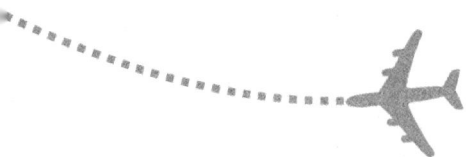

# 目 录
## *Contents*

第三章　心灵的舵：转变动机，改变人格

# 目 录
## *Contents*

| 第四章 | 思想野马：生活的辔头与缰绳 |

# 第一章
## 深度解读：行为的多种动机

# 1. 弹性机制：理性与冲动

　　心灵本原是身为个体的人的最宝贵资源，没有之一。理性与冲动的对峙，是现实生活中经常发生的现象——怎样遏制冲动，保持理智，还真是一门学问。

　　世间所有的利与弊，对于施者和受者自有不同的价值取向。理性与冲动，则能反映一个人的涵养。

　　谈及理性与冲动，不得不提及两个"民国之花"，她们是林徽因和陆小曼。为什么要说这两个女人呢？那是因为，她们对人生的选择和对爱情的态度各有不同，而且独具典型性。

　　这两个女人先后爱上了同一个男人——徐志摩。

　　不同的是，林徽因发现自己爱上了不该爱的人，包括他的个性、他的脾气、他的才学、他的家世，她都有所思虑——她深知自己再怎么爱他，他都不是自己的"菜"，是以，她理智地选择了离开。

　　而陆小曼是主动来到徐志摩的怀里，为了爱情而不惜飞蛾扑火的女子。尽管她的这份爱也不专一，后来又移情于翁瑞午，但她为此放弃了"绝世好前夫"王赓这样打着灯笼都难找的男人，可见当初也是情真意切的。

可惜，这样一对各自都移情别恋的才子才女，没有得到命运的垂爱。先是徐志摩遭遇飞机失事，英年早逝；再是陆小曼晚景凄凉，这莫非就是自作自受？

相较而言，林徽因理智地享受了"岁月静好"四个字，一生过得衣食无忧，风轻云淡，同时不失幸福。

在林徽因眼里，爱情或许只是生活的一味；而在陆小曼心中，爱情就是生活的全部——理性与冲动的后果，真是大相迥异啊！

先见之明是理性之人的成功砝码。现实生活中，成功者多是理性之人——他们能够规范自己的思想和行为，知道什么可行、什么不可行。

商界巨子李嘉诚就是理性与冲动的拥有者，他在人生道路上相互磨合而成就了如今的典范。

15岁那年，舅父安排李嘉诚到自己的公司来上班，他却说："不，我要自己找工作。"20岁时，他已经坐上总经理的高位，职场前途一片光明，他却说："不，我要自己创业。"由此，他成功了。

冲动不代表莽撞，客观地分析，它是个中性词，但世人多以贬义词视之。事实上，一个人一旦理性失陷，那么冲动就会攻城掠地，进

行破坏性行为。这种现象在生活中比比皆是，不胜枚举。

七百多年前的一天，北威尔士王子出去打猎，留了条猎狗在家看护婴儿。王子回来后，看见血染被毯，却唯独婴儿不见了。而猎狗呢，一边舔着嘴角的鲜血，一边高兴地望着王子。

王子大怒，抽刀刺入狗腹。猎狗惨叫一声，惊醒了熟睡在血迹斑斑的毯子下面的婴儿。这时，王子才发现屋角躺着一条死去的恶狼。

由此可见，冲动是魔鬼。如果主人能稍微理智一点儿，想想猎狗的忠诚，就不会为表象所迷惑，冲动地犯下难以弥补的过错。

缺乏理性，冲动行事导致的后果，可以说是双刃剑——能让人上天堂，也能令人下地狱。因此，对行为的理解与规范十分有必要。


理性与冲动的冰火两重天，成为人类行为的两个极端。所以，行为张弛有度，是人人希望达到的最高层次的修行。虽然，结果并不总能遂人意。

还是拿婚姻来说吧。

当今社会，离婚率像牛市的股票一样一路飙升，状况简直骇人。但很少有人因为畏惧婚姻害了"婚姻恐惧症"而不肯结婚，这架势颇有"明知山有虎，偏向虎山行"的味道。

婚变原因，不外乎婚外情。所以，原配夫妻能白头偕老都成为珍稀之事了。当然，你可以埋怨世风日下，但你不能改变这个世界和其中的某些污秽。

理性的女人，明知道自己的老公有了"外室"，就算心里恨恨地想打人，还是咬碎牙选择了维系婚姻。原因不外有四：

一是因为孩子。孩子的面子，可比僧面、佛面管用多了。

二是因为金钱。两个人挣钱养家糊口，远比一个人强多了。

三是因为不想把自己花费多年心血培养成熟的老公，就这么没声没响地转手让给别人。以后再去培养一个新的老公，哪有那个心力！

四是因为自己已经青春不在，成为半老徐娘了，把丈夫休了不是不行，关键是后果承担不起——如果有再成家的想法，一定会遇到良人吗？与谁过都是过，不妨睁一只眼闭一只眼过下去，还省了与新人结合后彼此适应和磨合的过程。

女人学精了，理智战胜了感性，把碎了的心在暗夜里掏出来，缝缝补补后再塞回自己的胸腔，而后阳光依旧，风雨依旧，日子继续，根本不需要较真。

这样的女人，也算是得道了吧？虽然有泪，虽然悲凉，但她是理智的，她为自己的行为负责。都说冲动是魔鬼，她才不会动不动就冲动的——与其重打江山，不如稳坐淡看。

用容忍把日子过得云淡风轻，这种女子的道行堪赞！

理性占上风，压下冲动，一切就会好的。顺势而为才是上策，它的好处等同于三十六计中的"走为上策"。

A在职场里本来占尽天时、地利、人和，可是他不满足现状，总

觉得庙小装不下他这尊大佛，总想着大有作为。没认清自己那半斤八两的能耐，冲动之下，他就选择了辞职去创业，想一下子就成为高高在上的 CEO。

结果，人生中有些东西就真的失去了，而且再也找不回来。

人生机遇并不是很多，错失良机也就错失了进一步的发展。用理性去创造感性的东西，无异于缘木求鱼。

这就像爱情。纯粹的爱情碰到了完全的理性，结果只能是理性有了，爱情没了。现实的主导地位，残酷到能把一切感性的火苗熄灭。

价值衡量的标准是什么，也因个人的人生观与世界观而异。不管这是个怎样物化的世界，每个人的内心深处还是期待着纯真的爱情。

现在，电视上的相亲类节目特别火爆，这也是一种与社会发展相符的现象。但节目火热是一回事，择偶标准是另一回事，二者不应混为一谈。

如果人因为理性而亲手枪毙了自己的爱情，这是愚蠢还是精明？理性和爱情一搭，美被隐匿了，爱情也就无踪了。

想在现实中取得爱情的最终胜利，比登蜀道还难，遇到真爱的概率更是难上加难——可是，它真的有啊，所以你得去追求。就算你理性得要命，那么我且问你：你用客观而理性的哲学理论分析爱情，会有胜负吗？爱情都不见了，还谈什么胜负呢？

现实生活中，女人感性的居多，由心而生的情绪占上风；男人理性的居多，因现实主宰而理智地选择所为、所不为。

　　动物则不然。就说飞蛾扑火吧，蛾子为了直观的光明，会不惜牺牲自己的性命——它是没有理性的，根本不知道扑火的后果有多严重，这是它的悲哀。相比之下，人类则幸运得多。

　　与爱情、婚姻迥异的，是职场。理性在职场中是制胜法宝，只要保持一定的理性，就能把事业的"金箍棒"舞得呼呼作响，要风得风、要雨得雨。

　　感性的人不适合当企业领导——动不动就喜怒形于色，把心事写在脸上，那还了得，这是为官之大忌！

　　《官场现形记》第六回中写道："这算什么话！要人走，钱不还人家，这个理性倒少有。"在职场呢，道理有时也是讲不通的，行得通的是手腕，是从理智上控制行为的能力。

　　著名作家茅盾的《宿莽·色盲》中写道："她是静默的，她是理性的，她是属于旧时代的蕴藏深情而不肯轻易流露的那一类人物。"这种理性令人有种距离感，感觉不到亲近。它是可怕的，但也是抵达成功必备的一种品质。

　　暖男范蠡在此给我们树立了正能量的榜样——功成身退，携心爱的女子隐居，从此不过问功名利禄。

　　这种理智与感性并存的汉子，古往今来如凤毛麟角一样稀少，却是女人心中的期待——哪怕可望而不可即，也不妨碍在精神上望眼欲穿。

心灵本原是身为个体的人的最宝贵资源，没有之一。理性与冲动的对峙，是现实生活中经常发生的现象——怎样遏制冲动，保持理智，还真是一门学问。

比如，你看到权力在向你招手，你怕心仪已久的人看不上你……这些让你梦寐以求的渴望，都是你情感的森林，那里资源丰富，各种动植物都有——连你的自私也是有落脚点的，别担心。

如果你到现在还没意识到冲动的毁灭性和创造性的双面特征，那么很遗憾——你已经落伍了。

## 2. 为了活着，自私的本能

自私是人的本能，是所有动物的本能。更高层次的人生，则会逐渐摆脱自私的束缚，做出更具有主动性的活动。

"人不为己，天诛地灭。"有人说，自私是生存的第一法则，在不伤害别人的前提下，自私似乎也是可行的。

　　至于自私这种具有人为色彩的定义，很多时候值得商榷。人之初，性本善抑或性本恶，都不是绝对的。

　　事实上，自私是人的本性，或者说是任何动物的本性。大概没有任何一个人敢说"我从未自私过"，不信的话，不妨扪心自问一下——答案还是你自己留着吧，不必说出来。

　　猫捉老鼠是本能，这种以食为本的天性，如果不能得到合理的满足，也会导致自私。

　　人再怎么忘本，也不能丢了骨气。抗日战争时期，汉奸之所以变节，卖国求荣，主要是自私心理占了上风，而忘了家国大义。

　　现实与未来愿景之间的鸿沟，会成为欲望的滋生地。

　　从社会和国家利益的角度来说，自私是负能量，会成为人的性格缺陷，一直被世人诟病。可自私是人活着的本能，这是事实，虽然残酷，却也不能全盘否定。

　　以爱情为例，不自私的爱情，能称得上爱情吗？

　　爱情的排他性很明显，它的自私恰恰折射出一种生活情趣。这种爱的霸道是种本能，只要不过分，倒显得有些可爱。

　　比如，适当地吃醋也是夫妻、情侣之间的小花絮，因为这种醋是生活的调味剂。如果一个人对自己的另一半与其他异性的亲近没有半丝醋意，要么是不爱，要么是迟钝。

　　武则天就是最好的例子。她一开始也是个善良、温婉的小女人，

并没有那么多心狠手辣的计谋。可是，想要在后宫站稳脚跟，你不害人，就会被别人害死。

经历种种残酷的现实后，武则天终于改变了自己的小女人心性，彻底改头换面，成为勇于给自己除去拦路虎、杀伐果断的冷血女人。这种心性的转变，也是为了活着的一种被动抉择——有时候，你只有鱼死网破这一种选择。

如果不想为人所役使，那就需要自己足够强大，去役使别人，主宰别人的命运。这道二选一的人生难题，武则天用事实给了自己一个交代——这也是她为了活着的自私本能，是一种潜意识的自卫。

武则天为自己所立的那块无字碑，就是有力的证明。她到底是睿智的，用无字碑诠释了自己的一生：是非功过，任由后人评说。就算世人站在道德高地对武则天口诛笔伐，那又怎样？几千年的历史长河中只不过出了一个武则天，谁能与之比肩？

武则天作为一位女皇，处事与男性不同。观察她的对外政策可以发现，她与前代有着比较大的区别——不同于唐太宗、唐高宗时期的强硬，而是柔中带刚。

武则天执政前后，唐朝的盛世局面打开了，这说明，她起到了很好的过渡作用。至于她宠和尚等私生活，这是自私的本能还是别的什么想法，都不妨碍她的政绩。所以，公正地说，武则天并不是可耻的"心机女人"，而是才能卓绝的女皇帝！

所谓道德高尚的人，其实是自制力比较强而已。他们把内心深处的自私与欲望很好地控制住了，不让其有机会冒出来惹是生非。这就是弗洛伊德提出"三层人格结构说"中的本我层面，相当于古人的人性善恶论。

《射雕英雄传》中，郭靖喝蛇血那一段就是被动而为的趣事：他为了不被蛇咬死，反而将蛇咬死了，结果无意喝到蛇血，功力大增。这"无心插柳柳成荫"的收获，分明是求生的本能占了上风后得到了命运的成全。


自私是人的本能，是所有动物的本能。更高层次的人生，则会逐渐摆脱自私的束缚，做出更具有主动性的活动。

优胜劣汰的自然法则，让所有生物在进化过程中本能地选择了自私，这是生存的前提。人是高级动物，为了活着而自私，也就不同于简单地解决温饱问题了，而是在这个层面之上，有了无限的延伸和膨胀。于是，演化出了一句俗语：人为财死，鸟为食亡。

这句俗语，很公允地把人与动物的自私区别了开来，也为很多历史事件做了最生动的注解。人这种有思想的动物，也因此成为地球的主人。

颇为有趣的现象是，在物欲纷繁的红尘中，人总会产生很多佛家称之为身外之物的向往。这不是错，而是人的本性，是为了更好地活着的本能——有选择性地为自己的生活创造条件，纵然自私，但在不触碰到他人利益的前提下，这种为自己生活得更好而做的努力付出，

显得有意义又有趣。

春种秋收，并非闲情逸致，而是生存之道。种地，就是人类为了生存实施的一种改造自然的本能活动；从事劳动去赚钱，则是人类解决了基本温饱后一种智力上的提升；懂得储存食物、懂得建屋，这是人类进化过程中最值得称道的行为选择。

自私的性格标签，从人类为了自己更好地生存这一面来说，算是可取的。倘若没有这种本能的原始自私，那么，人类生存下来的机会就会几近于零。能在岁月的洪流之中胜出，显然得有些手段和能力，这是生存的基础。

"留得青山在，不怕没柴烧。"好多动物拥有无意识的本能，比如，当壁虎遇到危险时，它们会自断尾巴逃走。

壁虎断尾来求得重生，当然是睿智之举，这种看似是舍弃的行为，也是一种生存智慧。类似的还有：海参抛出内胆保命；火蜥蜴截断四肢，再长新肢……它们都有一个神奇的共性：具备再生能力，身体失去的部分可以完好如初地重新长出来。

为了生存这一己私念，万不得已放弃一些东西，明显成为活着的利益权衡范本。小动物们用并不精明的思想行为，给人类以启示。

人类在遇到不可抗力的危险时，会怎样舍弃？这是值得我们深思的长远问题，要因人而异，因实际情况而异。但壁虎勇于舍弃的"精神"，确实值得我们学习。

激活生活的编码，改变自己的未来，这是本事。当然，我们也应认识到，本我是人格中最难接近但又是最有力的部分。动物的本我性非常显著，人类的本我性则非常内敛。

食、色这两样，动物全是凭着本能来，人类则进化到了懂得选择、懂得分寸的程度：即便饿了，不到非常地步，一般不会因为食物的诱惑而做出令人鄙视或跌份儿的行为。

本我，也是人类进化中隐藏最深的阶段。这是外人难以接近的部分，真实到有时连自己都难以发现。这个本我拥有极强的"洪荒之力"，是人类所有精神活动所需能量的源泉。

既然本我完全是由先天的本能、原始的欲望构成的，那它是如何转化成精神力量的呢？有了好奇心，我们完全可以在生活中自行发掘本我，至少到时不会对真实的自我感到陌生。

有人说，本我像个暴躁的婴儿，非常贪婪也不开化，只对自己的需要感兴趣，一点不听从现实和理性的指引。弗洛伊德把本我这种只图快乐的行为准则，称为"快乐原则"。

怎么说呢，就说情感本能吧。无论是爱情还是亲情，这种爱都是快乐的本能。比如，有一口好吃的，你惦记着留给老婆、孩子吃，这种单纯的爱的本能，人人都有。

这种本能，动物也有，比如我们说的"虎毒不食子"，不少动物照顾幼仔的天性丝毫不比人类逊色。

要真正满足本我的欲求，就必须与现实世界打交道。然而，现实

世界不是伊甸园，不是你想要什么就能得到什么——想而不得时，就会产生矛盾、病症。

在现实面前，本我是无能为力的，因为它不具备理智的功能。当现实条件不能满足的时候，本我就会转而追求其他的欲望。这个过程，以旁观的角度来看非常有趣。

有这样一个故事，听着挺搞笑的：

有两个在外打工的同村朋友，一人先回家了，另一人就托其捎玩具给自己的孩子，说："你看村里哪个孩子最可爱，就把玩具给他。"

回家之后，这个人看了看村里所有的孩子，看来看去，就觉得自己的孩子最可爱，于是把玩具给了儿子。

这种爱的自私，也是天性使然。其实，这个故事说的就是人的本我——不是有句话说"孩子是自家的好，老婆是别人家的贤惠"，看来还真有些道理。

拿抗日战争时期的汉奸来说，他们都是本我占上风的典型代表：贪生怕死，为了活命把民族尊严、做人的道义全不顾了，只要命在，有奶便是娘——莫说认贼作父，就是把亲爹亲妈、老婆孩子供出去也在所不惜。这种人的劣根性，实质上是做人的失败。

与之相反，那些为了民族解放事业不惜牺牲生命的战士，不管是将军还是普通士兵，都值得后人为他们点赞。这就涉及了本我以外的自我和超我两种人格取向。像《亮剑》中的李云龙，就是一个爱憎分明、具有人格亮色的智多星。

人的道德标签不是自己贴的，而是世人贴的。自己往自己脸上贴金，一般来说并不可取；得到他人认可的人，往往为人低调。

本我以外的自我，是众生眼中的我；超我，则是能约束自我的那个更高级的我。

通常来说，自我可以说是上了妆的、行走于人世间的"我"，也是世人眼中所见之"我"——有道貌岸然者，有表里如一者，也有说一套做一套的口是心非之徒。

超我是人格中最符合社会规范、最具道德感的部分，是他人最欣赏、最喜欢的角色。

超我有两个方面：一是自我理想；一是良心。与本我不同，超我是社会道德的化身，按照"道德原则"行事，总是与享乐主义的本我直接对立和冲突，并力图限制本我的私欲，使它得不到满足。

王尔德说："人生有两大悲剧，一是没有得到你心爱的东西，另一是得到了你心爱的东西。"于是，有人模仿说，人生有两大快乐：一是没有得到你心爱的东西，于是可以去寻求和创造；另一是得到了你心爱的东西，于是可以去品味和体验。

为了活着而为的某些事情，得失间的所谓快与不快，无形中都受到自私本能的驱使。这还得感谢弗洛伊德这个精神分析大师，他给予世人的精神大餐值得咀嚼，也值得玩味，更值得深思。

活着是"生"的基本前提。为此，某些境况下的所为，也就不令

人难于理解了。

"理老三分人失趣，情疏半句穴来风。"自私这种本能是人与生俱来的，也是天然存在的一个理儿，所以，我们由于自私而做出让他人以为不合情理的事，便能理解了。当然，若借自私的本性去伤害他人，并不可取。

能理解人的本性，也就能理解人的行为的多样性、复杂性了。人生需要经过许多失败，才能设计出让自己和他人感到舒适、看着养眼的生存状态。一直处在滚滚红尘中，哪来的零缺憾？

为了活着这个本能，即便自私也是可以原谅的，别忘了，走到哪里都要带着自己去发光。可是，注意此处的转折——自私的本能，请用以为善，而不是为恶，这才是做人的最高境界。

## 3. 歇斯底里，将痛苦转化为寻常的不愉快的可观收获

神经质到极端，实际上就是歇斯底里症患者。没有自知之明，自掘坟墓，这到底是聪明还是愚蠢？

失控多是那种神经质的人容易犯的错。暂停疯狂行为，找到暴躁情绪的源代码，这才是每个人的正常思维，歇斯底里则正好与此相反。

俗话说，"自作孽，不可活。"这话放在一些性格偏激的人身上，应该是再合适不过了。

有位女性朋友从小无母，在姑妈家寄居长大。当时，为了要五角钱去买份语文报，她都不敢张嘴，生怕姑父姑妈反感。

有一次，姑妈的儿子，也就是她表哥的一个苹果不见了，一家人都怀疑是她偷吃了。姑妈拿着笤帚抽她，她没有承认偷吃。后来，她在床上玩的时候，无意间在被褥缝里看到了那个害她被打的苹果，她想都没想，索性就吃了。

长大后的她，见不得任何人比她好，也受不得任何委屈，否则就

会歇斯底里，情绪失控。

这种因幼年境遇而造成的人格缺陷，害得她过早地失去了童真，没有了幸福。也因个性问题，她的婚姻生活也并不如意，夫妻俩动不动就暴发家庭大战，导致她的孩子受到很大的影响。

她的不幸遭遇，就在于没能化解成长过程中环境对她造成的影响，而是把痛苦嫁接到了生活中来，成为影响自己心情和性格的杀手。

看，一谈到歇斯底里，我们就会不由自主地联想到失控场面。它像一种罕见的病，呈现出千奇百怪的症状——情绪异常激动，举止失常，无法控制自己，那可真是"后果很严重"。

歇斯底里症患者，内心会不断发出对现实有害的干扰信号，难以自控。

有一个中年人与朋友合伙做生意，本来是赢利的，但他被合伙人骗了，非但没有拿到分红，最后还倾家荡产赔了个精光。等他知道自己被朋友骗了，内心忽然就失衡了，一时冲动，就拿刀把合伙人给捅死了，然后他也自杀了。

神经质到极端，实际上就是歇斯底里症患者。没有自知之明，自掘坟墓，这到底是聪明还是愚蠢？玩火自焚的悲剧，相信只有那些扑火的傻蛾子才会做的。

客观来说，歇斯底里的人到了这份儿上，已经由不得自己了，他们会完全失控——脸面与人情味，包括扭曲的心理，直接造成了不顾后果的言行，自然是无药可治。

这说到正题上来了，歇斯底里的直接后果，就是把因嫉妒而产生的痛苦转化为不愉快的可观收获。而可观收获，是对我们而言——我们总是偷偷等待着他人失控情况下的"行为"，借以拿捏或讥笑。

犯歇斯底里症的人，历史上并不少见。像历史上那些发动战争的狂人，就是典型的歇斯底里症病人，正因为他们的个性与症状，才导致他们成为好战分子，使得世间生灵涂炭，民不聊生。

这些具有歇斯底里症的人，自己根本控制不了欲望，所以会行事偏激。这对于病人自身和社会来说，都是不幸的。

情感关联是人的特质。避开情欲的陷阱，一个人想将痛苦转化成寻常的不愉快，却没有改变生活现状的能力，这对当事人来说也是痛苦的，并非幸事。

这种病的可怕在于，让人的命运变成了一声叹息。像《神雕侠侣》中的李莫愁，一生为情所困，到死都被情所缚。原来，生活能把一个温婉如玉的女子逼成疯子，她却在尘世的寂寞中高声唱着：问世间情为何物，直教人生死相许！

你会心疼一个人因为际遇而变成歇斯底里的模样吗？如果可以选择，谁愿意变成这样神经质的人？谁愿意作茧自缚，把自己变成命运的陌路人？

如是，那些看似难解的秉性行事之法，也就有了源头可循。一个

人因为某些事情而变成连自己都不认同的人，这真令人唏嘘了。

百态人生，生旦净末丑，三教九流，什么角色都有。善妒之人，智商一般较之常人高出不少，但也存在着致命的缺点，那就是气量小、不容人，喜欢意气用事。

鉴于这种病症发作的不确定性和破坏性，社会对此应予以高度重视。如有重度患者，应当及时送去治疗，控制病情发展，以免对他人造成不必要的伤害。

有人说，经历可以改变人的思维模式。但是，与世界的互动并不全是美好，也有丑恶——纷杂的人世间，随遇而安的人不可能患歇斯底里病症。这是因为，他们已经把情绪适当地疏导出去了，不再是情感的垃圾回收站。

患歇斯底里症的病人，基本无药可治。他们往往是因为隐忍而郁闷、压抑，直到成疾。

当然，从患者的角度来说，歇斯底里的人因为受到生活的某些刺激而发病，这对他们而言是痛苦的，但他们带给别人的伤害却是可大可小的灾难。

因此，应该对诸如此类的病人加以防范，免得造成人为灾害。那样，整个社会就不和谐、不美好了。

说白了，歇斯底里的界面呈现的是：正常—失态。这种界面，无法改变。这种病人只有两个结局，一是痊愈，一是病情恶化。

对于命运来说，没有所谓的输家或赢家，大家都是在过着自己想要的生活。容我弱弱地问一句：你身边有歇斯底里症患者吗？偶尔，你也歇斯底里过吗？

## 4. 祸从口出，自律才能自由

路之所经，身之所遇，心之所记，口之所谈。唯有悟出人生真谛，才能得言行三昧。

红尘滚滚梦生烟，切记莫口无遮拦。

管不住自己嘴的人，做不成大事。从古至今，祸从口出的事例不胜枚举。可笑的是，前车之鉴似乎没什么用，后人并未因此而长记性，这还真是人的不明智表现了。

话说沙皇尼古拉一世登基后，国内爆发了一场叛乱。叛乱者要求俄国实行现代化，希望俄国工业和国内建设必须赶上欧洲其他国家。

尼古拉一世残忍地平定了这场叛乱，同时判处其中一名领袖李列耶夫死刑。

行刑那天，李列耶夫站在绞首台上，一阵挣扎之后，绳索突然断裂了，他猛然摔落在地。

当时，类似事件被当成是上天恩宠的征兆，犯人通常会得到赦免。李列耶夫站起身后，确信自己保住了脑袋，所以他向着人群喊道："俄国的工业如此差劲，甚至连制造绳索也不会！"

尼古拉一世本打算签署赦免令，但听到信使转述李列耶夫说俄国的工业差劲，不懂如何制造绳索的话后，立刻撕毁了赦免令。次日，李列耶夫再度被执行绞刑——这一次，绳索没有断。

真正的聪明人，多是寡言之人。有句俗语说，不咬人的狗才厉害。言多必失也是常理，可惜，爱说还是人的特质。

造物主让人的嘴巴除了能进食之外，还能发声。促进交流与沟通本是好意，岂料，说话的人掌控不了嘴巴的闸门，该说的说，不该说的也说，后果自然只能由自己承担。

只有真正做到"话到嘴边留三分"，才算有城府，也才能接近成功。做事用心，少用口——该说的时候少说，不该说的时候不说，这才是对自己负责。

自律才能自由，这话对世人的益处实在不小，但真正能把它运用到生活中的人并不多，概因修为未到也。

一个人想要在言语上逞强或者征服别人，很不幸，那是得不偿失的，因为话说得越多，出现纰漏的可能就越多。而且，话一旦出口就无法收回，由此造成的失误也就很难避免。

控制自己的嘴，不该说的不说，尤其不说讥讽别人的话，这是做人的基本美德。

曾读过一个故事，发生的背景是国内时兴南下打工的那些年。

某村有一户人家，夫妻俩都四十多岁。男人是个耳背的"聋子"，女人有一只眼睛看不见，被人叫"瞎子"。聋瞎组合，家里生活条件不好，孩子又多，常常穷得揭不开锅。

女人眼瞎，嘴可不饶人，说话时言语尖酸刻薄。因此，村里大多数人很讨厌这一家子。后来，他们的孩子跟着潮流南下打工，条件慢慢好了起来。

女人平日没少遭人白眼，这下可有得显摆了，她逢人便夸自家儿子在外发大财，家里到处都是钱。就因在外面四处张扬，这一家人遭了噩运——女人被害死了，男人也被打成重伤。破案后发现，罪犯就是他们的邻居——邻居听说他们家有钱，遂起了歹心。

因此，人活着还是低调点好，免得遭杀身之祸。

不妨梳理一下，古今中外，大凡爱说大话的人最终都不会占到什么便宜，因为言多必失，信言不虚。

有些人能说到点子上，有些人说了半天，一点儿有用的东西都没有，全是浪费时间的闲言妄语。所以，话说好了，就叫口吐莲花；话说不好，则会招来横祸。

伽利略敢说真话，却是懂得分寸的智者。同样是追求科学的真理，布鲁诺就因说真话被烧死在刑柱上。

伽利略聪明地做到了两全其美，他在说真话的同时又免于受惩罚，这对后人真是个不小的启发。所以说，我们要怎样表达对某个人或某件事的看法都要有个度，也要与外界环境相符。

嘴急是心理状态不稳定的表现。话可服人，亦可伤人，正确地把握言论，做到谨口慎言就算难能可贵了。

莎士比亚在《爱的徒劳》中说："一句俏皮话的成功在于听者的耳朵，而绝不是说者的舌头。"

非但一个名人要注意自己的言行，就是普通人也要注意。言行是一个人给他人留下好印象的载体，是一个人思想的外延。

诚然，我们拥有的说话器官不是要我们胡说一通，但何时何地发声、怎样发声，真不是上嘴唇碰下嘴唇就可以信口雌黄的。毕竟，有话语权的时代，我们更应该注意说什么，怎么说。否则，你只能惹祸上身——就算把肠子悔青，也扳不回命运的机关。

比如，有些事一旦发生，你就是有成千上万个想要卷土重来的心思，也回不到当初了；就算你狠劲扇自己几个嘴巴子，终归于事无补，无力回天了。

要说这历史上因为嘴欠惹祸的人着实不少，比较有名的首推杨修这个人——说他聪明，当然是；说他倒霉，也是实情。

别说杨修，世间大多数人都无法撇弃在名利场中的欲念。嘴可以巧舌如簧，几句好话就能把人说得五迷三道，这当然是能耐。做人，我们虽不推崇不吃饭送人十里地，但也不要因逞口舌之快而遭不测。

管住嘴、跑开腿，都是有修为的人遵循的处世法则。就说杨修，有什么事，你自己心里明白就是了，为什么要说出来惹人烦呢？这一点，杨修显然欠缺。最后，他也因为这张嘴掉了脑袋，真是不值得。

一个人为了话语权而口无忌惮，结果只能是自取其辱。别笑，我要说的正是多舌的人——要是能懂得把想说的话过滤一下再说，懂得什么可说、什么不可说，结局肯定会不一样。

前面说的杨修，人生至此呈断崖式绝路，所有的美好顷刻全都翻篇。看，一张嘴带来的可怕后果，谁能预见？

想必嘴快之人，自己都不可能想过会有怎样的人生急转弯。先辈们说过，宁说玄话，不说闲话，真是金玉之言。一个人只有管住自己的嘴巴，才不会卷入舆论的滔天巨浪。

苍蝇不叮无缝的蛋，做人只有自己武装好，才能百毒不侵。多话惹事，就是自己给自己下套，怪不得别人。一些人的人生悲剧，就是因为口无遮拦而自食其果的。

少说多做，才是为人之道。

一个人积口德也是为自己积福报，不知慎言是做人大忌——杨修的结局，说来不外乎是嘴上没个把门的，这一点显然不可取。最后的下场也是他咎由自取，怨不得别人。

回到东汉建安二十四年（219 年），就在曹操和蜀军僵持不下之际，曹军的主簿杨修却因一根"鸡肋"丢掉了性命。在此之后，他便成了"聪明反被聪明误"的代表。而曹操杀杨修这件事，也成了曹操忌才的典型表现。

杨修之死，《三国演义》中解释为"杨修为人恃才放旷，数犯曹操之忌"，这就一针见血地指出了杨修之死的根本原因。

《三国志》中也写道："太祖既虑始终有变，以杨修颇有才策，而又袁氏之甥也，于是以罪诛修。"这里虽然提到杨修那"袁氏之甥"的身份是导致其被杀的主要原因之一，但也承认他的死，与他的才华有关。

管好自己的嘴巴，是一个人能游刃有余于世的基础。世道在变，潮流在变，但对于嘴巴的功用来说，变有变的定律——因心造境，少说为佳，保持沉默也好过信口说闲话。

杨修因畅所欲言而掉了脑袋，这个故事已成为千古谈资，给后人留下了警示：做人，该说的说，不该说的别说。

路之所经，身之所遇，心之所记，口之所谈。唯有悟出人生真谛，才能得言行三昧。语言是思想的外衣，自己检点一下吧，看看你思想的外衣穿得合不合适——三思而言，对人对己总是好的。

弗洛伊德说："自律才能自由。"这句话，当然称得上金玉之言。

## 5. 一举两得，一个行为背后的多种动机

人只要肯努力付出，从小事做起也会有出息。种种在逆境中逆袭成功的事件如同复杂的多棱镜，都由多个侧面组成。

一举两得，意思是做一件事得到了两方面的好处。这典故出自《晋书·束皙传》："赐其十年炎复，以慰重迁之情，一举两得，外实内宽。"

讲道理不如说故事，以事喻人，效果好过单纯地说教。

春秋时期，鲁国勇士卞庄子敢于只身同老虎搏斗。一次，他听说山上有两只老虎，就想去打。朋友劝他说，等两只老虎争食时再下手，可以一举两得。他耐心地等到大老虎为了吃到黄牛而咬死另一只老虎后，觉得时机已成熟，就上山并轻易地打死了那只疲惫的大老虎。

形成人的行为的真正因素，大多是无意识的。随着成长，人的许多欲望遭到了压制，然而，这些欲望既无法消除，也无法百分之百地

被控制，它们会出现在梦里、无意的话语或意念活动中，或最终反映在心理活动中。

因此，一个人不可能真正了解其受激励的动机。如果一个民营企业家来北大读书，他也许会称自己的动机是"充电"，通过学习知识以便更好地经营企业。但进一步分析的话，他来北大可能是为了向他人炫耀自己的才华，即：自己是一个"能文能武"的当代儒商。还可能他是为了广交朋友，建立自己的商业人脉圈。

再进一步分析的话，可能他是为了圆心中的"燕园梦"，实现儿时的愿望。我有一朋友，就属于这种类型。

这个初中没毕业的商人，用钱砸了个 MBA 证书，于是摇身一变成为学者型儒商。正因这个证书，他还结识了一批同样经济实力不俗的商人。商商联合，强强联手，他成了驰骋商场的赢家。

这种经济大咖的学位玩法，就是一举两得的做法。相对来说，学位是为奠定身份之用，而形成超强人脉、创造更多的财富，才是他们的终极目标——以钱买名，继而创利。

人生最大的收益就是一举两得，或者一举多得。一次行为选择，能得到几种实惠，继而实现效益的最大化，这本身是非常成功的模式，也堪称成功的范本。

人类有这份聪明，动物也不乏这种本能。啄木鸟做事能够一举两得，它们就是非常令人感兴趣的可爱鸟类——它们从树上啄出虫子，既是帮助树看病，同时又喂饱了自己，可谓皆大欢喜。

这告诉我们一个道理：乐于助人的人，就会得到别人的帮助。动物能以谋食并助人类得到和谐的生存条件，人类自然也应多提倡这种共赢的社会关系。

社会就像一个大的跑马场，上、下场的人也好，马也好，都是在为生命的精彩而努力。做人的最高境界就是双赢，以资本最小化赢得利益最大化。

在社会这个大舞台上，还真涌现出了不少一举两得的好事。

小A出身农家，靠优异的学习成绩走出了农门，但在商业气息浓厚的省会大都市，她却一度迷茫了。这座繁华的城市对她似乎并不友好——没有出众的外表，没有高学历，没有经济基础为事业做后盾，所有的成功之路都好像以冷漠待她。

后来，小A放弃了好高骛远地走白领路线的想法，开了一家特色小吃店。此店是农家风味，投入也不多，没想到却一炮打响了。因为生意红火，几年之内她就在城里买了房，成了家。

小A选择了从低处做起，通过自己的努力，到后来办起了大酒楼成为大老板。这是她在被逼得走投无路时做出的无奈选择，却成了她翻身的绝佳机会，不但给自己找到了谋生方法，还给自己人生的提升创造了最佳发展空间。

其实，人只要肯努力付出，从小事做起也会有出息。种种在逆境中逆袭成功的事件如同复杂的多棱镜，都由多个侧面组成。

充分肯定一个人的智慧，也将有助于其在社会中更好地增强软、硬两方面的实力。在物质生活中，这个强大的精神脊梁，要由每个中国人的梦统一组成。

一举两得是人生幸事，颇有些无意占了便宜的感觉——出一份工，得两份工资，这好事谁不喜欢？所以，一举多得也成为我们以正当手段追求成功的捷径。

想求证吗？那好，命运会给你答案！

相传，一个食品加工商人租船从外地采购了大量的蔗糖和面粉，但船在返航时遇到了狂风暴雨。结果，所有的蔗糖和面粉被淋得透湿，成了糖稀和面糊。

面对突来的厄运，货主一时急蒙了，寝食难安。可他并不甘心，在寻思着将这些糖稀和面糊派上什么用场。

就在这时，他看到船主在烤铁板鱿鱼。看着鱿鱼在铁板上被烤成鲜香四溢的美味，他突发奇想：这些糖稀和面糊，能不能烤成一种奇特的食品呢？

当船主烤完鱿鱼，他马上把糖稀、面糊的混合物放在灼热的铁板上——奇迹出现了，这些经过雨水浸泡而有些发酵的混合物很快烤熟了，并意外地膨化开来。

拿起一尝，这个正苦于开发不出新产品的食品加工商激动地跳了起来……从此，世界上多了一种香甜可口、风味独特，而且便于储运和携带的新式食品——饼干。

本来，货物全都没有价值了，但货主以自己的智慧绝处逢生，创造出新的食品，不但挽回了损失，还得到了更大的利益。这种被动选择带来的转机，不但具有喜剧效果，还令人心情愉快。

原来，善于在变化中捕捉商机的人，天生就有商业头脑，钱到他的口袋里来简直是水到渠成，毫不费劲啊！

能打破瓶颈，把原本陷于困境的事情梳理顺畅，这是人的能力。当一个人遭遇思维的困局，有时反而靠外行人一句无心的话就能点破迷雾，让看似复杂的事情变得迎刃而解。

多年前，某地一家酒店因为客流量增加，打算再增加一部电梯。于是，经理请来了设计师和工程师，研究如何增设新电梯的问题。

专家们一致认为，最好的办法是每层楼打个大洞，直接安装新电梯。方案定下来之后，两位专家坐在酒店前厅商谈工程计划。他们的谈话，恰巧被一位正在扫地的清洁工听到了。

清洁工对他们说："每层楼都打个大洞，肯定会弄得到处尘土飞扬，那就无法营业了。"

工程师瞥了清洁工一眼，说："那是难免的。"

清洁工摇摇头说："要是这样装电梯就得关门一段时间，别人还以为酒店倒闭了呢。再说，那也影响收益呀！"

设计师心想："影响收入又不关我的事。"却听清洁工不经意地

又说："我要是你们，就会把电梯装在楼的外面。"

工程师和设计师听了这话，相视片刻，恍然大悟，不约而同为清洁工的这一想法叫绝。于是，便有了近代建筑史上的伟大变革——把电梯装在楼外。

外行给内行上了一堂生动的创新课。内行往往很难跳到圈外，或站在外行的角度去思考问题，他们习惯性地受制于逻辑思维和"行规"，所以常常自缚手脚，甚至钻牛角尖——他们少了许多幻想，也就失去了很多创新的机会。

裹挟于"挣钱要过得更好"为理由的打拼之中，有时一点灵光乍现，就会带来满园春色。本意与非本意，都可能创造机会——机会成本为零是最理想的，收益递增或倍增是最值得期待的。

一位名叫哈姆的西班牙人，从小喜欢制作糕点。伴随着狂热的移民潮，他也怀着一颗不甘平凡的心，毅然决然地来到了美国。事实上，美国并非他想象中那样黄金遍地，他的糕点生意与在西班牙相比，并没有多大的起色。

后来，哈姆得知美国即将举行世界博览会，于是他就把自己的糕点工具搬到了会展地，可大家对他的薄饼还是没多大兴趣。

与之相邻的一位卖冰淇淋的商贩倒是生意红火。在他卖光了自带的冰淇淋碟子后，乐于助人的哈姆就把自己的薄饼卷成锥形，让他盛放冰淇淋。没想到的是，这种锥形冰淇淋被顾客一致看好，还被评为此次世界博览会上"最受欢迎的产品"。

从此，这种锥形冰淇淋开始迅速流行，并逐步演变成今天的蛋卷冰淇淋。它的发明者恐怕不会想到，他的一次偶然创意却整整延续了一个世纪，而且直到今天它仍是风靡世界的美味食品，难怪有人把它的发明称为"神来之笔"。


主、客场思维的融洽，思想与概念的交锋，对人的行为、动机具有很大的影响。头脑风暴有时并不是坏事，相反，它是灵机产生的催化剂，能够一举两得或多得——那才是无心插柳柳成荫的美事呢。

把握时代脉搏，以一个智者的形象影响社会，走到哪里都发光，尽力争取一举两得，这就是人生最大的成功。

这就像牛郎，本来没指望遇到七仙女，结果误打误撞非但遇到了女神，还给他生了两娃，真是一举两得。彼时，牛郎心里的幸福指数肯定爆棚了，那真是美美哒！

## 6. 行为层次，基本需要和特殊需要

基本需要是人类生存的前提，是低级需要。特殊需要是人类精神层次的需要，是高级需要。

再高尚的人，也离不开吃喝拉撒，这是现实，就像鱼儿离不开水、鸟儿离不开天空一样。社会生活中，需要是一种显性的客观存在，这也印证了"存在即合理"一说。

个体成长的内在动力是动机，也就是说，做人有两种需要：基本需要和特殊需要。基本需要是人类生存的前提，是低级需要；特殊需要是人类精神层次的需要，是高级需要。

依照马斯洛需求层次理论，需要也可从高到低细分为自我实现需要、尊重需要、社交需要、安全需要、生理需要。也可以说，需要是种客观存在，而且有它存在和适度被满足的理由。

抛开社会复杂性的背景，人们最基本的生存需要只有两个：一是维持生存需要的饮食；一是传宗接代。

古今中外，好多人都因欲望太多而误入歧途。虽然脚上的水泡是自己走路磨出来的，但也说明本人不聪明，真正的聪明是懂得低调，懂得见好就收，懂得急流勇退。

聪明的人不满足于这两种基本生存状态，于是有了更丰富的思想和欲望。那些本能的需要，比如温饱则显得苍白了，欲望与日俱增，比如权力和金钱。

能自控的人，才会活得幸福。贪念太多，压力太大，人也不会得到快乐。命运并非无情，它把一些选择权给了我们，至于怎么选，想要什么，要多要少，它是不介意的。因为它愿意看到这个世界的多样化，也愿意用美好奖赏美好，用不幸惩罚不幸。


一个正常的人，有生理需求并不过分。它是级别最低的需要，包括食物、水、空气、性欲、健康等一系列需要。

当一个人面临饥饿的挑战时，会因食物而不择手段地去抢夺，这不仅是人的本能，也是所有动物的本能，无可厚非。每种生命都在为其继续活下去而与自然进行着斗争，这是潜意识的本能行为。

人类在进化过程中产生思维和行为，因此成为世界的主宰。懂得主动为生存创造条件，懂得协调自己的生活和人际关系，懂得争取和避让，这些聪明成为特殊需要的砝码。

人类也用很多故事演绎了历史传奇，或警世劝人，或令人感动，总之都成了后人的谈资。

杀妻求将的吴起，就是一个令后人谈及时褒贬不一的男人——为了仕途，他竟然杀妻向皇帝表忠心。他想的是"自古忠孝难两全"，也确实奋勇沙场，建立了不少功勋。但不管怎样，杀妻求将之举成为他永远洗不掉的污点，被后人诟病。

不要说"君子爱财，取之有道"，做任何事都应有道，不能由着自己的心思，想怎样就怎样。

吴起原本是卫国的一个市井无赖，经常挥刀舞剑，横行乡里。为此，他常常被母亲责骂。有一天，在母亲骂他的时候，他猛咬自己的手臂，咬出鲜血来，还对母亲发誓说："从现在开始，我就不待在母亲身边了。如果这辈子不能当上大官，我就绝不再踏入卫城半步，也绝不再见您。"

母亲哭着留他，他却转身就出了卫城的大门，头也没回。

吴起来到鲁国，拜师在孔子的弟子曾参门下，从此努力学习。有个曾经在齐国担任大夫的人叫田居，他赏识好学不倦的吴起，于是把自己的女儿嫁给了吴起。

后来，卫国有人来信说吴起的母亲去世了。吴起仰天干号三声，然后擦干眼泪，继续读书。

曾参因吴起不孝而大怒，命人把他赶出学校。吴起从此就放弃儒学，改习兵法。三年后，他学有所成，到鲁国当官。

齐鲁交战，鲁穆公知道吴起有能力打胜仗，但是嫌其妻是齐国高官之女而未予以派将。非常之人必有非常之举，结果，吴起杀妻求将，得胜而归被封为上卿。

吴起心毒如此，最终确如曾参所言，不得善终——死于利箭穿心。吴起杀妻求将大失人道，这种对权欲的渴求，成为一个人本质败坏的根源，着实引人深思。

人内心的寄托很重要，情感寄托更重要——情感需要是人类比较看重的一种特殊需要。一个情无所依的人，他的灵魂必定是孤独的，他的心也是浮萍，没有根系。

像小孩子对父母的依赖需求，恋人之间的爱情需求，朋友之间的友谊需求，陌生人之间的信任需求，都需要借助外因来达成。任何一种特定需求的强烈程度，都取决于它在需求层次中的地位，以及它和所有其他更低层次需求的满足程度。

这个过程是动态的、逐步的、有因果联系的。在这一过程中，一套不断变化的"重要"需求控制着人们的行为，而这种等级关系并非对所有人都是一样的——其中，社交需求和尊重需求这样的中层需求尤其如此，其排列顺序因人而异。

有意思的是，人们总是优先满足生理需求，而自我实现的需求则是最难满足的。

唐明皇爱上儿媳寿王妃，结果就把儿媳变成了老婆，这是爱情需求。而他为了表现自己的爱，为杨贵妃做出的"一骑红尘妃子笑，无人知是荔枝来"的举动，也是复杂的多项需求。

社会发展了，物质足够丰富了，人的精神生活也愈来愈有提升的需求了。

乱世需要法治，盛世同样需要法治。法是准绳，是根本原则。德可以视为上层需求，但没有了基准的约束，再好、再优秀的上层建筑也只是空中楼阁。于是，国家制定健全的法制条文，也成为社会得以维护正常秩序的有效需求。

当然了，满足需要时不一定先从低层次开始，也可以从中层或高层开始。有时，个体为了满足高层次的需要会牺牲低层次的需要。

# 7. 动机驱使，力的作用

动机是一种驱使人满足需要、达到目的的内在动力，每个人做每件事都有个缘起，这缘起其实就是动机。

人是有思想的动物，做事多是有动机的。这些动机各自不同，爱恨情仇五花八门，成为世间一道道独特的风景。有些令世人感动的事，究其原因，不外乎爱——本能的爱。

　　动机是一种驱使人满足需要、达到目的的内在动力，每个人做每件事都有个缘起，这缘起其实就是动机。比如，一个农村孩子拼命读书，就是想摆脱"面朝黄土背朝天"的农村生活环境。这个动机鲜明，不容置疑。

　　尘世间，哪个人能不受动机驱使呢？正因有了动机，所以要么积极，要么消极。"女为悦己者容"这句话暗藏的动机，就是女子为了取悦心仪之人而收拾打扮自己。

　　有一年，某百货商场电梯发生事故：向女士带着三岁的儿子逛商场乘坐手扶电梯时，扶梯行到尽头铁板突然塌陷。在生死关头，向女士将儿子递向高处，在最后一刻奋力将孩子推出，自己却被电梯"吞没"身亡。

　　向女士在危急关头用尽全力将孩子推出危险之境，原因何在？是世间最伟大的母爱使然！这种爱的动力驱使，是向女士本能救子的唯一信念。这悲情而令人感动的一幕，也向世人传递了母爱的神圣。

　　凡事都有因，循着因来，有着果在。善恶有时不过是一念之间，但结果却差之毫厘，谬之千里。动机驱使，便是这样。

　　动机为爱、为善、为美，就是正能量的展现。动机若为私、为恶、为丑，则会导致一些令人叹息的负面事件。生活中，这样的负能量也有很多，且说从古至今，贪官最后落马的原因只在两个字：贪腐。

　　因为对金钱的崇拜，乃至对自己的行为失了方寸、准则，在"贪"

的动机驱使下，接二连三做出有违良知的行为，昧着良心，一而再，再而三地降低自己的人格底线：今天收取点别人的小恩小惠，明天口子放大一些，后天再放大一些，最后道德堤坝决堤。当锒铛入狱时，后悔晚矣。

反思一下，都是利字当头时禁不住它的诱惑。

令世人大跌眼镜的是，动机不仅在人类身上有，动物身上也有，且不比人类差。也可以说，动机是一种下意识的行为本能。

我少年时居于乡下，见过田地里老鼠囤粮的事，非常有趣。挑开老鼠洞，里面的稻粒竟然堆如小山，显见，这是老鼠在为过冬储存食物。这种储备，与人类显然不相上下——也就是说，具备差不多的"智慧"才有类似的举措。

虽然人类自以为不可与老鼠同日而语，但实际上从某些方面来说，思维是不分伯仲的——储粮这种行为动机具有生活的前瞻性，显然是智慧的行为。


生活中，这类行为不胜枚举。有一个关于两兄弟的故事：他们中的一个（甲）赌博、酗酒，时常殴打家人。另一个（乙）在社会上则是十分成功的生意人，备受尊敬，同时拥有一个美好的家庭。

于是，就有一些社会现象调查人员想知道，这两个人拥有相同的父母与生活环境，为何会产生如此不同的生活状态。调查人员问两兄弟中的甲："你怎么变成现在这个样子的呢？你赌博、酗酒、殴打家人，是什么促使你这样做的？"

甲说："是我父亲。"

调查人员又问："你父亲是什么样的人呢？"

甲回答："我父亲也赌博、酗酒、殴打家人，你们指望我能成为什么样的人呢？"

调查人员又到那个行为端正的乙那儿，问了同样的问题："你是怎么变成现在这个能够做好每件事情的人呢？你的动力根源在哪儿？"

乙说："是我父亲。我在孩童时期，常常看见父亲酗酒和殴打家人，我坚信那不是我想成为的人。"

两个人的动机和力量均有一个相同的源头，但是一个积极地利用了它们，另一个则消极地沿袭了它们。

这就如同一棵树结出了两种口味的果子，是由于嫁接导致了截然不同的结果。动机驱使确实能带来不同的效果——同一件事，从不同角度思考给人的启迪也不同，因此最终产生的结局也会迥异。比如，消极的动机容易令人产生懈怠心理，促使结果向更糟糕的方向发展。

的确是这样，动机大多数时候会决定人的命运。如果能洞悉一个人行事的动机，所有困难自然会迎刃而解。找不到问题的症结，也就是无法揣摩透行事之人的动机。

有这样一个故事，说三个人来到了山脚下，看到山顶云雾弥漫，非常美丽。第一个人说："山顶也未必好，我在山脚下看到的景色就够美了。"因此，他没上山。

041

第二个人说："山顶一定很美，我很想去看看。"说着，他朝着山顶走去。可是没走多远，他停下来说："山太高了，我估计上不去。它虽然美丽，但不一定适合我。"他又回到了山脚。

一起来的第三个人也是这样想，不过，他看看脚下的台阶，低着头向上走去了。他不想去看美丽的山顶，而是想知道脚下的台阶能通向何方，并打算看看周围的景物。这样，他慢慢地欣赏着路上的美景，在不知不觉中到达了山顶。

这个故事主要是想说明，当你为某项伟大的工程而烦恼时，不妨改变动机，使目标更容易实现，这样做起来也不会感觉那么费力。

交往动机是一种基本的社会动机，人是在与他人的交往中生活和学习的。在交往中，他为自己吸取信息进行定向，以自己所做的事同人们期待他做的事进行比对，从而调整自己的需要、观念和行为，使自己在符合群体要求的情况下得到发展。否则，他就会感到孤独、别扭或焦虑。

这就是使人产生交往的需要和动机。

交往的动机，包括愿意和别人在一起，而不愿一个人独处的合群感；喜欢跟语言、兴趣与习俗相同的人相处，而不愿与语言不通、异趣的人相处的相熟感；喜欢与合得来的人相处，而不喜欢与陌生人相处的友谊感等。

　　所有的动机，都是引发行为的原因，也就是做事的前提。学习微反应心理学，能够掌握一种事先知晓对方动机的能力，有助于我们在社会中游刃有余地生活和工作，更好地处理复杂的人际关系。

## 8. 没有口误，那是潜意识的真实流露

　　**不必相信口误，也不必相信说者无心。但凡说者，终是有心的。**

　　在生活中经常有这种现象，比如甲对乙说："我当时信口说的，你别往心里去啊！"这种情形比较普遍，也因此有人并不计较，认为人家当时确实是随口那么一说，要是自己往心里去，倒显得小气了。

　　事实上呢，每一句说出口的话，都受到了内心深处下意识的支配。人只要有理智，绝不会胡言乱语——日有所思，夜有所梦，大白天说出口的话岂是无缘无故冒出来的？

　　有时，某些想法被我们自己屏蔽掉了，不让它们有出现的机会，如同一个正义的人从不会让心中滋生歹意。然而，人内心的河流不可能一直清澈，偶尔浑浊也是正常的。

正直的人，主动选择了压制内心深处的恶念。这是下意识的行为，不用人教，相当于两个自我中消灭掉自私的那个自我赢了。

但是，特殊情况下就像火山爆发，一定的外因挑拨得你思想喷发，不经思索就吐出的话，可能才是你最真实的想法，是自己都不愿相信的心理活动的反映。

不必相信口误，也不必相信说者无心。但凡说者，终是有心的。

世间根本就没有口误这回事，所有的口误都是潜意识的真实流露——当你瞧不起一个人的时候，你的轻视一定能够激起对方的反应，对方自然就会做出某些事来自卫。

无论是好感还是反感，说者无心的"无心"，是指不设防的真情表达。一个人如果经常不自觉地与身边的人谈起某人，那便是对这个人有感觉了。这感觉可以是爱，也可以是恨。

有趣的是，有一种人说的话无关爱恨，而是因醉酒管不住嘴了——当时说了什么，事后，他自己都不知道。

有一次，魏文侯和大臣们喝酒，推杯换盏，你敬我陪，大家都有点醉醺醺了。可是，拘于魏文侯的威严，这酒喝得有点儿沉闷，热闹不起来。

于是，魏文侯想玩出个花样，活跃一下气氛。他发话了："从现在起，每个人喝的杯子要检查，必须滴酒不剩，谁要是留了一点儿，就浮一大白！"

可是，喝到这个地步，舌头硬了，嘴也不听使唤了，他自己都没觉察出来，只是吩咐执酒官公乘不仁："你负责验杯，查到者罚酒！"

"浮一大白？"一开始，大臣们听着都傻了，但他们很快就醒悟过来，一起呼应着："听大王的，饮不尽者，浮一大白！"果然，有几个大臣因为酒喝得不净被罚了大杯。

魏文侯兴致勃勃，不小心被明察秋毫的公乘不仁查出他剩在杯里的一滴酒，于是公乘不仁举起一只大杯，小心翼翼地送到他面前："大王，您也要浮一大白了。"

魏文侯面色不快，视而不见。站在旁边的侍者上前一步，说："大王已经醉了。"

公乘不仁继续举着杯子："《周书》上说，前车之覆，后车之鉴。今天大王定了规矩，如果自己不遵从，将来怎么能让大臣服从呢？"

"说得好！这一大白我认浮！"魏文侯说完，举起杯一饮而尽，然后说，"公乘不仁你升官了，以后为上客。"

由于魏文侯醉酒，嘴不听使唤导致的一个口误，竟然流传千古，现在我们的词典里也多了一个成语"浮一大白"，有时又叫"浮以大白"。在酒场上用这个词，文雅、有品位，有的人甚至推而广之，自饮一大杯酒也叫"浮一大白"。

口误的是当时的掌权者，于是口误流传下来就成了成语，这世道有意思。平民如是，也就只能被当成酒鬼了，上哪儿说理去？对了，忘了说，这"浮一大白"的原意是"罚一大杯"。

酒后吐真言，但喝酒的人却爱说"我没醉"。其实，醉话是真，非假——可将醉话当真的人，向来不多。在现实中，每个人清醒的时候都是戴着面具生活的，只有醉了才敢言无忌，却会被他人质疑。

认真说假话这件事，有人标榜成"善意的谎言是种美德"。看来，不管什么事、什么人，判断标准都有个浮动的余地，好坏并不是绝对的，是非一旦不分明，世界也就错综复杂了。

口误的后果，有时也是令人遗憾的。

曾看到这样一个故事：一户穷人家的女人梦到神仙说，她的儿子将来会当大官。次日是腊月二十三小年，女人烧火做饭时记起昨夜的梦来，一边拿烧火棍敲打灶门，一边恨恨地说："将来我儿子当了大官，我要让对不起我的人全都去死。"

灶王爷听了女人的话，一皱眉，上天庭将女人的话转告给玉帝。玉帝一听，这还了得，儿子当官就要波及无辜，那就把她儿子的功名削去吧。于是，这女人的儿子一生碌碌无为。

这种话说者无心，听者有意，然后就城门失火，殃及池鱼了——要是只想不说呢，导致的后果岂非不可想象？一个女人因嘴没把好门说了不该说的话，影响了儿子的大好前程，也是令人叹息啊！

看出门道了吧，心若不善，天地可鉴。那么，懂点心理学，与人斡旋就会很轻松。

由此可见，口误的成由是多方面的。主、客场思维不同，结果也不同，不管是不是初心的袒露，都有它存在的原因和产生的效果。


聪明的人善于掌控身边的舆论氛围，化不利为有利。

某单位开会，领导表功劳，激励手下努力工作，本来要说"白加黑，五加二"，结果口误说成了"白加二，五加黑"。大伙哄堂大笑，领导当场也闹了个大红脸。这种口误无伤大雅，还能缓解紧张气氛，为生活增点儿笑料。

塑造健康人格，自我构建动机，是人生中非常重要的事，涉及人的情商和智商的合辙——自己发光，做个人见人爱、花见花开的天使，那才是心之所向。

当然了，动机早知道，为人处世效率就会高。

做人想要更好地了解别人的意图，就应适时地关注别人的言谈举止，尤其是对方的口误。这样才能有效地揣摩对方的意图，掌握主动权，创造更有利于自己的形势。

驾驭人生之道，破译心灵密码。胜利在望！

## 9. 所谓玩笑，多有认真的成分

这世间很多玩笑都有它的主题，都有它秘而不宣的引申含义。当事人以玩笑的意思说出来，听者上不上心，那是听者的事了。

说到开玩笑，很多人以为是随口笑谈，不走心的娱资。其实不然。很多玩笑都有它隐藏的"山水"，细思来，非常值得观赏。

这世间很多玩笑都有它的主题，都有它秘而不宣的引申含义。当事人以玩笑的意思说出来，听者上不上心，那是听者的事了——若能洞悉其中的奥秘，也是幸事一桩，这对于彼此间的利害关系当然至关重要。悟不透这一点，可以说离成功还差得远。

玩笑因智慧而获益，比如，有一个出自典故的笑话是这样的：

有一天，唐玄宗对李白说："李爱卿，朕命你写诗助兴。"

李白回道："写诗可以，还请贵妃磨墨。"

唐玄宗感叹："才子就是才子，要求都独特。来人，上馍馍！贵妃，你就喂李白吃几个吧！"

尽管这是个笑话，但可以想象出唐玄宗戏弄李白的一幕，要多诙谐有多诙谐。

生活的乐趣在于创造，人生的滋味在于调剂。玩笑能令人笑口常开，心态年轻，能将并不出众的人生变得妙趣横生。当然，玩笑也能令这个世界充满温馨、和睦。

有些玩笑还是斗智斗勇的产物，比如"尚书是狗"的小故事本身就是个玩笑，但当事人说得极有戏剧性，既保住了自己的尊严，又置对方于无语之境地。

纪晓岚与和珅同朝为官，纪晓岚为侍郎，和珅为尚书。一次，两人在一起喝酒时，坏心眼多的和珅想捉弄纪晓岚，就故意指着一条狗问："是狼（侍郎），是狗？"

纪晓岚多聪明呀，他也不明说，就笑着回答："垂尾是狼，上竖（尚书）是狗！"这回答可谓天衣无缝，令和珅无言以对。

真正有智慧的高手不是一般地厉害，往往能"杀人于无形"！

有些笑话也很有意思，还蕴藏道理，像"太阳有福气"这个玩笑就流传很广：大文豪萧伯纳访问上海，幽默大师林语堂上船去接他。林语堂说："这里近期一直是大风大雪，今天才放晴，你真是好福气，一到上海就看见了太阳。"

萧伯纳笑道："还是太阳有福气，能在上海见到我。"

两个大文豪的说话也是旗鼓相当，各展锋芒，却又恰到好处，不

失幽默与喜感。这样，双方见面的气氛一下子就轻松了。

由此可见，玩笑的画龙点睛作用是多么美好。

有的人就是这样机敏，能在各种场合随机应变、妙语连珠，显示出机智过人的幽默风度，让人折服。有雄辩的口才和超强的思维，足以做个快乐因子，激活身边呆板的人。


玩笑的口吻，有时也会泄露真实的心境。

男孩与女孩青梅竹马，两小无猜。男孩心里有女孩，但他一直不敢说。女孩也一直期待着男孩对她表白，可是，男孩始终没有开过口。

后来，男孩和女孩都长大了，就很少在一起玩耍，遇见时彼此也只是匆匆扫一眼，不敢正视。

女孩大了，提亲的媒人涌进她的家门。男孩表面冷静，内心却忐忑不安。女孩一直在等男孩，可男孩还是没有表白。女孩失望了，她心想，男孩可能从来就没在意过她。最终，女孩同意了一门亲事，她不再等男孩了。

再见到男孩，女孩也能落落大方地和他说话，或者开些无伤大雅的玩笑了。男孩知道女孩已订婚，伤心欲绝。

一次，二人路遇，男孩认真地对女孩说："你能嫁给我吗？"女孩忽然就愣了。男孩一看女孩的表情，急忙笑着说："开玩笑的，别当真！"女孩闪亮的眸子，瞬间暗了下去。

女孩不知道男孩对她的爱，也不知道那句并非玩笑的"你能嫁给我吗"是男孩鼓起怎样的勇气才说出来的。

生活就是这样，当有人以玩笑的语气和你说某件事的时候，其实这件事并非玩笑，而是他的心里话。虽然你不能分出真假，但他的那份真心，已然成为最美的昙花一现。

玩笑不可当真，某些时候又不可不当真。拿爱情来说事，也是这样的。

关于爱情，有些人本来心里爱着，但磨不开脸面，奈何嘴上不说，偶尔还开心爱之人的玩笑。或者，也有耐不住的时候，半真半假地开玩笑说："不如娶了你算了！"或者说："要不我们在一起试试！"但他们始终不敢把爱情摆在台面上来说。

人的嘴巴不只是用来吃饭的，更重要的是，它可以表达——你不说，别人不是你肚里的蛔虫，永远不可能知道你在想什么。

心有灵犀，那是人生上境，抵达者不及万一。你掂量掂量，自己是那不及万一中的一员吗？如果不是，还是在该说的时候说出来，免得终生遗憾。没有谁会永远等你，错过了就错过了，只能回首，不能从头再来。可把玩笑太当回事，很可能因此而被动。


一句玩笑话亡了两个国家，这样的事在历史上不乏有先例。原因不外乎：男人好色，看着碗里的，想着锅里的。如此，最后落了个可悲下场也不值得可怜。

这个故事，说的是春秋时的蔡国国君蔡哀侯。当时，蔡哀侯娶了

陈国的大公主做夫人。本来呢，当时有"娣媵制"，就是妹从姊共嫁。所以，陈国的大公主可以把自己的妹妹一同带到蔡国，给蔡哀侯做妾。可是，陈国的二公主早已许配给了息侯，做了息夫人。

蔡哀侯空欢喜一场，心中闷闷不乐。后来，息夫人回娘家，顺便到蔡国看望姐姐。蔡哀侯听说小姨子来了，高兴得合不拢嘴。

席间，蔡哀侯见小姨子倾国倾城，后悔得肠子都青了。乘着酒劲，他拉着小姨子的手笑着说："好妹妹，你当初要是跟着你姐姐嫁过来，咱们早就是一家人了。"

息夫人见姐夫这般轻薄，甚为恼怒，可碍着姐姐的面子，只好强作笑脸。再后来，息侯听说了这件事，很生气，想出兵攻打蔡国，可息国是一个小国，势力远不敌蔡国。

息侯为了报仇，决定投靠楚国。他设计让蔡哀侯出兵来救息国，然后让楚国乘机俘虏了蔡哀侯。戏剧性的一幕是，最后息夫人被楚文王霸占，封为桃花夫人。息国亡国后，楚文王让息侯做了一个守城门的小官。

三年后，桃花夫人乘楚文王出城打猎的机会，偷偷出宫与息侯约会。

夫妻二人抱头痛哭，后悔为了一句玩笑而大动干戈，以至于落了个国破家亡的下场。二人哭完，抱在一起，双双跳城而死。消息传到蔡国，同样作为亡国之君的蔡哀侯也伤心地流下了眼泪。

如是说来，玩笑不能轻易开。人生有许多开不起的玩笑，也有很多因玩笑而获益的幸事。

玩笑不等同于言而无信，它能起到正面促进作用，也会产生负面影响。玩笑的可信度也需要斟酌，因为，虽然是玩笑，如若因此惹出不必要的麻烦及至带来不堪设想的后果，值得吗？

## 10. 闭目歇心，眼不见为净

眼不见为净是种自我麻醉的方法，遇事实在没辙的时候，也不失为一种暂时令自己解脱的路径。

每个人自诞生之日起，他的五官眼、耳、口、鼻、舌都有其用处，但是，有时候这些原本有用的器官也是个负担。

眼睛看得多了，心就不静了，所有的风吹草动都会牵一发而动全身，让人心湖浪起；耳朵听多了是是非非，怎么可能如禅师一样心平气和呢？所以说，眼不见为净是自我调节的法门。

想如此，不妨偶尔闭目歇心。

人的心和脑像个容器，容量是固定的。读万卷书与行万里路都是

世人憧憬的人生，其他的还包括阅人无数，好像这样，他们就能很好地处理人际关系，过上幸福的生活。其实未必。

著名学者南怀瑾先生说："真正成佛解脱者，是连佛也不成。无所谓佛，也无所谓魔，当下成就，一切解脱。"这说法值得玩味，从某种程度上讲，它与"眼不见为净"有几分相似。

空空色色间的了悟，原本也不必将那些虚无的名利太过放在心上。真正简单的心智，应该是大幸福——当然，这样的简单不是做作，而是发自本心的。若能做到世界给我以痛，我却报之以歌，则境界又上一层。

有两个人打赌，赌什么东西最干净，谁赌输了，就把自己所有的家产都给对方。

甲说水最干净，乙说眼睛看不到的东西才是最干净的。两个人谁也不服谁，于是请村里人评判。结果，村里人都说水最干净。甲自然就赢了。

乙回到家以后就长吁短叹的，妻子就过来问是怎么回事。等听完了事情的原委之后，妻子却笑了起来，并且对乙说："放心，这件事就交给我来处理吧。"

没过几天，甲领着人来乙家清点家产，乙就留他们吃饭，而乙的妻子却在一旁刷便桶。到了吃饭的时候，乙的妻子端了一大桶饭和几个菜上来。一桌人吃得可香了，一碗又一碗，一会儿就吃光了。

这时，乙的妻子笑着说："诸位，今天真是招待不周啊！我们家盛饭的盆小，所以今天我就用便桶给大家盛了米饭，味道还不错吧？"她这么一说，甲和其他几个人顿时都吐了起来。

乙一下子就明白了过来，不禁喃喃自语："果然是眼不见为净啊！"

甲甘愿认输。可乙呢，也觉得当初大家只是开了个玩笑，不用这么认真。"眼不见为净"这句话就这样传了下来。

做人就是这样，有些人、有些事你看到了，心就没法放轻松了——你看到快乐，自然会跟着快乐；你看到忧伤，自然会跟着忧伤。不以物喜、不以己悲的人，世间并不多。

只要有感知器官，遇事就会有情绪的波动，只是大小不同罢了。谁能真的做到父母病了无视、儿女结婚不开心？谁又能真的做到金榜题名后不欣喜若狂、洞房花烛夜不眉开眼笑？

人生的际遇，对心情的影响是显而易见的，哪怕是出家人也不可能做到心如止水。

生活中，面对同样的压力，不同的人拥有的抗压能力都是不同的。尤其身处逆境的人，面对重重坎坷甚至祸不单行的时候，人的抗打击能力会明显下降，心理也会到崩溃的边缘。

这时候，不妨闭目歇心，不去想事情，爱怎样就怎样吧，哪怕自我安慰也好过把自己逼疯。看不到的事情，心情会好一些，看到了却

无力解决，这才是最大的煎熬。

由食物及人，对于品质不佳的人，我们是否也该秉持眼不见为净的心态呢？世间有各色人等，古人告诉我们要亲君子、远小人。远小人的另一种版本，说的无非是眼不见为净：看着硌眼，倒不如不看。

不喜之人，避之为上；喜欢的人，自然愿意欣然接近。人生的某些交集都有定数，也是缘分。缘有善缘，也有孽缘——善缘自然是命运的恩赐，孽缘则是命运的刻意安排。

不管好与坏的经历，对人生而言都是一种历练。所以，有时候不是你想眼不见为净就能做到的——见，继而成伤，也不失为命运的一种变相考验。那些在心里留下烙印的人，无论到何时何地你都会记得！

见与不见，又如何？


亲情的啰唆，是爱的延伸。但年轻人往往不能理解父母的苦心，反而会生出厌烦的情绪，像避瘟神似的避开父母。

这种躲避也是代沟造成的，即使躲避，也不可能达到眼不见为净的境地。因为事实摆在那儿了，没解决问题之前，矛盾永远存在。

可见，眼不见为净是有前提的，不是万能的真理。

在社会飞速发展的今天，有的男人竟然还提一个非常可笑的问题：若干年后，人们选择伴侣时还会不会找处女？

大可不必杞人忧天。要是真这么想，全世界的男人都当和尚好了，还成什么家、娶什么媳妇？

实际情况是，即使我们拥有了异性伴侣，爱情的道路也往往是曲折和多变的——在爱情的长河里，猜疑和背叛一直兴风作浪。和伴侣分手，男人大多能坦然接受并尽快放下，甚至淡忘；女人则天生多愁善感，很难在短期内把一段感情完全放下。

眼不见，人却依旧心烦意乱，为情所困。这就是残酷的现实。

生活是美好的，也是无奈的。一如有诗所写："第一最好不相见，如此便可不相恋。第二最好不相知，如此便可不相思。"说的不外乎眼不见为净的情感。

果真能不相见？果真能不相思？

这么高深的问题得命运来解答。尽管如此，假如我们能用眼不见为净来区别对待生活中的种种状况，或许我们的生活会更坦荡、安然，更和谐、自在！

眼不见为净是种自我麻醉的方法，遇事后在没辙的时候，也不失为一种暂时令自己解脱的路径。这虽不是处理事情的科学方法，但总算能让心已绝望的人得到片刻的缓冲。

这一般是针对处于困境的人，因为他们经历了重重磨难，如同"锅底法则"的锅底，再差还能差到哪儿去呢？这情形颇有虱子多了不怕咬之态，既然这样，那就让厄运一股脑儿地来吧！

不管怎样，接下来，都是四面向上的局势——绝处逢生，说的可能就是这个理儿。

# 第二章

## 千锤百炼：人格的多重性

## 1. 内因外因，人格的形成

家庭是"人类性格的加工厂"，贫穷或富裕的生活也是岁月给人的性格盖上的一个鲜明印章。

人之性格形成，与内、外因皆有关。

我出生于农村，记得童年时有件记忆非常之深的事：一个男子在四十岁左右时，为了七万元钱把自己的父亲杀死了。

原来，从小到大，家人极其宠溺这个男子，于是他就慢慢养成了骄奢之气。他有两个姐姐，一个哥哥。成家之后，父母对他偏爱多些，经常在经济上援助他。母亲去世后，父亲还有七万元钱积蓄，他们全家都知道这事。

这个男子起初跟父亲借钱，父亲见他也没什么真正的急事，就没借。于是，他怀恨在心，并且认为父亲是想在将来把钱给俩兄弟平分了。一贯独享宠爱的他，岂容父亲这样做？

男子接着又要了几次钱，父亲都不肯给他，还说是留着做棺材用

的。他一狠心，就把父亲杀了，他的妻子也参与了这一令人发指的凶杀案。等到公安局破案后来逮捕他时，他才知道后悔了。

这个男子的这种人格的形成，与家长的娇惯有关——"惯子如杀子"，说的就是这个理儿。

关于人性的善恶有三种说法："人之初，性本善"，这是其一；"人之初，性本恶"，这是其二；人性本无善恶之分，而是后天受环境影响形成的，这是其三。如此，内因外因共同作用，促成人格的形成。

张爱玲说，男人是医女人的药。事实上，最好自己医自己，这样的人生虽然难得，却最可意。有时候，家庭对一个人的性格影响也是巨大的。

有人说，母亲会影响孩子一生的性格，但我觉着，不仅母亲，父亲的秉性也同样深刻地影响着孩子的性格发展。一个在父母打骂之下担惊受怕成长的孩子，他的性格不可能阳光，而抑郁可能会成为生活对他无情的赠品。

家庭是"人类性格的加工厂"，贫穷或富裕的生活也是岁月给人的性格盖上的一个鲜明印章。

或许，有人会疑惑，到底影响人格形成与发展的因素有哪些呢？遗传决定了人格发展的可能性和现实性，也就是把可能性变为现实性，其中，教育起到关键的调控作用——是人格发展的内部决定因素。

但这又不是绝对的。一母生九子，九子各不同，所以，百人百性也是实情。个人认为，人格先天的成分占善恶比重较大，人格是在遗传与环境的交互作用下逐渐形成的。

因此，遗传因素对人格的作用程度，随人格特质的不同而异。

社会文化因素，也是人格形成不可或缺的外因。

社会文化塑造了社会成员的人格特征，使其成员的人格结构朝着相似的方向发展，这种相似性反过来维系社会稳定和社会文化。所以，社会文化对人格的影响力因文化而异。

人格发展往往会受到童年经历的影响。《神雕侠侣》中的杨过，个性偏内敛，就与他从小缺少父母之爱有关——孤僻惯了，就会对这个世界关起自己的心扉。

少年时代的杨过，在古墓中与小龙女相依为命。尽管小龙女比杨过大不少，但两个人还是产生了爱情。这种爱情是建立在相依为命的基础之上，所以彼此成了对方在尘世间的感情寄托，这是任何力量无法替代的。

这种记忆种在了童年，一生也就无法摆脱了。际遇对人的性格影响，实在非同寻常。

人的出身无法选择，这也是实情。乡下孩子没见过世面，初入大环境再怎么优秀也会怯生，而一个见惯大场面的孩子，当然能轻松地面对各种环境。这是人被环境所拘束时自身难以摆脱的真实现象，但

经过适当的锻炼，就会对新环境逐渐适应，显示出自如与娴熟来。

只不过，早期经验不能单独对人格起作用，它与其他因素共同决定人格的形成和发展。学校教育的若干因素，也对人格的发展有着深远的影响。

人格从来脱离不开复杂的人际关系，人际关系在人格形成和发展中的重要性也至关重要。也可以说，人格是重复的人际情境相对持久的模式，而重复的人际情境是一个人生活的特性。

心理学家沙利文认为，"每个人有多少种人际关系，他就有多少种人格。"知性是一种标签，可你要知道，知性的养成不是一朝一夕的，而是一个循序渐进的过程。人在与他人的互动中，文化的某些成分是内含于人格中的。

有的人因为从小生活的环境复杂或不健全，慢慢地个性就变了，变得狭隘、偏激，甚至形成变态人格。

归根结底，人格化有两种类型：一是对自己的人格化，一是对他人的人格化。这两种对立的人格化，又可以形成更为复杂的人格化。

对他人的人格化，在遭遇人际情境时可作用于个体。从很小的时候，个体就已有了好我、坏我和非我的判断。

对自己的人格化会形成自我意识。

由于在对自己人格化的过程中，自己很难准确、客观地认清自我，不可避免地会出现歪曲现象。同样，在评估他人人格时，个体总是用自己的人格去解释他人的人格。比如秦桧，他的人格就是分裂的、复杂的——他为权力迷惑，卖国求荣，最终丧失了人格尊严，被钉在了历史的耻辱柱上。

有果必有因，人格的形成也有迹可循，而不是无端出现的。

我们常说"感同身受"，其实，没有经历过别人的悲伤经历，"感"不可能完全相同，而只能是有些怜悯而已。"身受"更是不靠谱，没有经历过，只是凭空想象当事人当时的心境，然后开始自我评论起来。这是我做不到的。

花的盛开缺不了阳光雨露的滋润，当然还有土壤的呵护。

人也是这样，孩子的成长离不开父母的培养和照顾，还有社会提供的舞台。人的性格形成，有时非常奇怪，比如，前一秒钟是个恶人，下一秒却成了善人。

有这样一个故事：有个犯罪分子在逃跑时误闯入某户人家，本来他想杀死这家的小孩子，但小孩子不知他是犯罪分子，对他非常友好，喊他叔叔。

那种由衷的亲近触动了罪犯的心弦，忽然间，他动了恻隐之心，非但没杀死这个无辜的小孩子，还投案自首，选择了重生。

当今社会，单亲家庭的"问题儿童"成为全社会关注的一个话题，也包括父母在外打工、独自与祖父辈在农村生活的"留守儿童"。这一群体，性格自然与正常家庭的孩子有差别，而这种差别到成年后会

井喷状凸显。

如果童年教育得当，一个孩子的人格会在良好的家教中向健康的方面发展。父母是孩子的第一任老师，这才是真理。

自卑性格与乐观性格的养成与家庭氛围息息相关，所以，童年时有个和谐的家庭，对一个人来说是最大的受益。而孩子看向别人时那怯生生的眼神，必然出自一个总要看别人脸色、未能真正释放性格的家庭。当然，后天的自我塑造与改变也能起到些弥补作用。

就说李世民吧，他虽然为了帝位发动宫廷政变，但内心深处，他对手足之情不可能没有感觉。在权力面前，你不杀他，他便杀你，没得选择——在皇帝宝座的争夺战中，自保也是种本能。否则，丢了性命，历史也会因此而改写。

这就是强悍的性格内因，与当时的政治环境外因相结合而产生的历史事件。情境到这个分儿上了，不这么做只能更加被动。所以，李世民别无选择，帝位是他的，大唐江山也是他的。

不单名利如此，情感也与内、外因有着不可分割的关系。青梅竹马是感情的缘起，一见钟情也是感情的缘起，重要的是看当事男女对爱情的敏感度。

有的人与对方在一起多年也只是熟悉的陌生人，有的人遇见对方却一眼万年，这可能是灵魂深处某种默契的因子在起作用，是一种气味的相投。而共同的爱好、对世事的看法，也能令两个原本并没有太多好感的人对彼此产生感情。

后知后觉的爱，是内、外因促成的最结实的情感壁垒。

## 2. 人的需要，强度与优势方面的顺序

需要的强度，最好符合弹性机制。需要过分了，就收敛一下自己膨胀的欲望；需要小了，就适度放大一下自己的欲望。

对于穷人来说，温饱是最强烈的需要；对于富人来说，精神需要成为在兹念兹的需要。

需要是人的本能，分低级需要和高级需要两种。基本需要属于低级需要，譬如衣食住行；情感需要则属于高级需要，譬如亲情、友情以及爱情。

人要有符合自己身份的需要。好高骛远，对于生活是不明智的，只能给自己增添不必要的负担。脚踏实地，看清自己的位置，找到与自己匹配的人生，这是供需平衡的最佳模式。否则，心气太高，没有合适的平台，只能是自己跟自己过不去，就像《红楼梦》里的晴雯。

有人注重低级需要，有人注重高级需要，只要不过分，都是无可厚非的。人的需要与生存环境息息相关——若过分追求某些与现实条件脱轨的需要，不切实际，无论是低级需要还是高级需要，都是对自己的施压。

心态只有调整到能适应穷富、高低等各种变化，才是一个人生命中最好的状态，也是值得称道的人生。

对于一只饿猫，老鼠或鱼就是它最大的需要；对于一只羊，青草就是它最大的需要；对于一个人来说，生活舒适就是他最大的需要。

有个太阳山的故事，说的是有两个人去太阳山寻宝，寻到宝物回程时，一个人被宝物累死在路上，因为他死也不肯舍弃这些财宝；另一个人则只取了一小块宝贝回家，从此过上了幸福的生活。

人的需要得切合实际，得合乎现实需求，还得你有那个享受的命，不然，意义何来？各取所需是件好事，谁与谁都没有矛盾，倘若人们都奔着一个东西来，那就不好了，自然要引起纠纷。

对于物欲、权力欲的追求，有的人毕生为之，而且从不疲倦。欲望没有尽头，得陇望蜀，一山看着一山高——贪心像膨胀的雪球，愈滚愈大，到最后被自己累死了。

能控制自己的欲望，这才是高人。

世事百态，每个人都是不同的个体，对生活的要求也是不同的，内心的丰盈与贫瘠也存在差异。对生活基本层面的要求，虽是人的本能需要，但也有高、中、低档之分。

拿我国现状来说，影视明星、体育明星等都是富豪人群，他们轻松地就能站在财富的顶层；而科研领域的人或学者，哪怕登上了某些著名的领奖台，依旧处于财富的中下层。

这是个值得我们深思的社会现象。显然，有些人对娱乐的投入，远远大于对科研工作者的支持。这种偏差不但值得深思，还应尽快有一个明确的解决办法，否则会耽误青少年的健康成长。

精神需要不仅可以在熟悉的人之间传递，陌生人之间也可以传递。比如，老人摔倒后扶不扶的问题，热议好几年了。可是，几天前一个朋友因遭遇此事被碰瓷儿，结果被讹医药费两万余元——因事发地是监控死角，也没有证人，朋友是跳到黄河也洗不清了。

破财事小，但世风日下令人痛心，落得个好心没好报。朋友的心情压抑到了冰点以下，因此多日沉默不语，郁闷得几乎要生病。当然，换谁都不会开心的。

但是，这种现象只是少数。这个世界上还是好人多，好事也有不少。某市就发生过一个真实感人的故事，它是社会正能量的折射。

当年，某市的张福正因为交通肇事欠下了外债。为了还债，张福正的父亲张凤毕变卖了全部家产，带着全家搬到了荒山上种树、养鸡、放羊，开始从头再来。

张凤毕去世前曾留下三个遗愿：树要成林，人要成才，债要还清。

如今，这三个遗愿都完成了。

事故的经过是这样的：当时天下着大雨，张福正开着出租车从海城回大石桥。路过金钱岭的时候，正前方突然蹿出一辆自行车，他吓了一跳，猛地向左一打方向盘，正好和一辆三轮车迎面撞上了。

张凤毕闻讯后，跌跌撞撞地赶到医院，顿时觉得天塌了：一边是头缠绷带、躺在床上的儿子；另一边是一家四口，三死一伤。走廊里，黑压压地站着三四十位死伤者的亲属。

"我是肇事者的父亲，我儿子出了交通事故，我们张家对不起你们，该赔多少钱，我们赔。"张凤毕走到死者家属面前诚恳地说。

法院的判决书下来了：张福正被判处有期徒刑两年，赔偿经济损失 12.9 万元。这个家庭顷刻间一贫如洗。卖房、卖车后虽然一穷二白了，但张凤毕心里依旧难过、内疚："我们造了孽，就该赔偿人家，这样心里才能好受点！"

只要我们肯干，困境就不是问题。像张凤毕一家一样，没灯、没水生活在山上，这种低劣的居住条件与正常社会需要是脱节的，但他们以心中的正义，用行动给自己无意犯下的过失偿罪，这是义举，令人钦佩。

同时，这也证明了一个道理：人的生活需要是有弹性的，随个人主观意愿而动。是穷是富，是高是低，都可以凭着意志来主宰。

至于高级需要，如情感需要、精神需要都是可遇而不可求的。友情是种缘分，爱情是种缘分，亲情其实也是种缘分。品质再恶劣的人也有情感需要，只要不过分，只要是正常的，都可以接受。

像《天龙八部》中丐帮副帮主马大元的夫人康敏，少女时代曾因邻家女伴有了一件新衣而心生嫉妒，偷偷拿剪刀毁坏了它。爱美之心，人皆有之，但见不得人好就是性格有缺陷了。这种个性非常可怕。

过犹不及，无论哪种需要都需有个度。自己调整好心态，能对别人的成绩或是优势坦然看待，这是肚量、是胸襟，也是一个人善良的根本。

相反，每一个人对爱情都充满了向往，但得看缘分，不能强求。王子与灰姑娘的故事，给无数生活在底层的女子带去了希望，实际上，除非你长得倾城倾国，否则，想要让王子看上的概率几乎为零。

人的身和心都要依附于现实的土壤，不要做白日梦，更不要眼高手低。需要与现实成正比，不偏不倚才能得到恰如其分的人生。

需要的强度，最好符合弹性机制。需要过分了，就收敛一下自己膨胀的欲望；需要小了，就适度放大一下自己的欲望。在可行的范围内，腾笼换鸟都可以，但不能为了实现某种需求而失去做人的根本。

需要太过分，需要愈多，人愈累；需要适可而止，人愈轻松。需要本身就是个"紧箍咒"，咒语也不是谁都知道的，一个得靠平心静气的好心态，一个得靠"唐僧"来提醒——不疼不灵。

## 3. 正常人格，健康心理

不妥协于命运，而是以冷静的思维想着如何处理事情，将劣势变成优势，化不幸为幸福。这才是大能耐，也是健康心理拓展到正常行为的一个放大影像。

写这节之前，我最先想到的是刘晓庆，这个传奇女子所经历的风雨历程是常人难以想象的，六十余岁依旧锋棱犹在，单这份精神就值得我们学习。换成你我，经历一些小波折，还不哭哭啼啼、怨天尤人啊！

刘晓庆则不，无论命运给了她什么遭遇、不幸，她一概伸手接过，然后冷静安排好自己下一步的路子和步伐的大小。这种遇事不慌的心态，值得点赞，更值得时下所有的女子学习。

遇事宠辱不惊，能从容、镇定地在困局里安排好走出逆境的路，这是正常的人格取向，也是健康心理的表现。

做人做事要讲究个"度"，超过或不及都不是最佳状态。正常人格，有正常人的思维，懂得适可而止，更懂得张弛有度，充满阳光和朝气——你笑，好运也会追随于你；你愁，厄运就会不期而至。

　　健康人格是社会风清气正的底蕴，也因此，人格与心理健康成为社会关注的重点问题。保持正常人格，被看作一个人健康与否的标志。

　　求学期间，第一天去报到，除了一个女生是自己来校的之外，其余不论男女同学都有家长护送。这个自己来校的女同学，瘦弱、娟秀，穿着很一般，行李也是旧的，但是很干净。这样一个普通的女孩，却有种隐隐的气场在，可能就是因这气场，我才注意到她。

　　女生的学习成绩一直在班里拔尖，后来得了奖学金，但她也从不乱花一分钱。再后来得知，她家在贫困山区，父亲有病，家里还有弟弟和妹妹，供她读书已经很不易了。

　　大三时，女生正在参加期末考试时接到传达室的电话，说她父亲病故了。她抹了把眼泪，把试卷一交，转身回家奔丧。回来后，这一学期的奖学金没得到不说，还得补考期末考剩余的科目。

　　四年大学生活，因为容貌不出众，女生没谈过恋爱，可她的确是个极聪明的女孩子。经历这么多，她依旧笑着对待生活、对待身边人、对待命运——她用努力给自己的人生开路。

　　这就是正常的人格。

　　人格是稳定的行为方式和发生在个体身上的人际过程，是由每个人所具有的才智、态度、价值观、愿望、感情和习惯以独特的方式结

合的产物。

我们经常听人说：你想怎样都可以，但不能侮辱我的人格。对，就是人格，它成为我们生而为人的一面旗帜，成为他人鉴定我们为人的一个标准，也是一个人被社会认可或否定的主要原因。

人贵立志，国家和民族同样也需要有志气、有理想的人才。"为中华之崛起而读书"是一种气概，为祖国赢得荣誉，也是每一个中国人孜孜以求的。

写到这里，不由想起每届奥运健将用实际行动爱国的大特写，这是爱国精神的另一种写照。所有运动员的爱国激情魅力四射，而这种精神也是一种整合后令世界刮目相看的国格，它成为一面旗帜，令世界惊艳。

独立性是对人格的评价方式之一。每个人的人格虽然和其他人有共通性，但人格是一个人的独特标志。人格作为行为的主导思维，对环境和事态发挥着作用，而自我是发挥作用的核心。

人格是通过行为表现出来的，常常不能直接考察，只能根据人在不同场合的行为加以间接地理解。

每个人不论有着怎样的家庭背景、身处什么位置，都有属于自己的人格特征，比如正直或卑劣、善良或恶毒、大方或小气等。人的格局之大小，与一生的成就也成比例。御用文人的一个通病是人格复杂，他们想保持真我，还真不容易。

现实生活中，有的人没有什么能力、水平，但会看领导的眼色行事，善于捧领导、迎合领导，倒比那些有能力、有水平的人升迁得快。这是一种令人不喜的社会现象，大家还是要脚踏实地去做事。

这个社会，到底需要什么样的人？

其实，需要的是不让老实人吃亏，人尽其才。换个说法，就是让英雄有用武之地。这对真才实学者来说，是绝对的利好。

娟子和大生是梅开二度的夫妻，两人都曾有过不幸的婚姻。娟子内向，不爱说话；大生爽朗，爱交朋友。性格差别如此大，很多朋友都不看好两人的将来。没想到，小日子过起来，他们都感到了无与伦比的幸福。原来，这种性格的互补，令娟子找到了做小女人的快乐，更激发了大生的男子汉气概。

性格有差异，交往过程也呈多种情形。内、外向性格的人如果成为朋友，也是有趣的现象，因为有互补在起作用。如果性格相同，比如都比较强势，在一起往往很难和平共处。

情绪稳定性，是人格特征中的一项重要内容。值得一提的是独立性人格，这种人格往往能成为科学研究领域的成功者，因为他们耐得住寂寞。而社交型人格往往占尽人际关系的优势，善于应付各种环境和陌生人。可见，人格对人一生所从事的事业是有很大影响的。

做人，与正能量的人交往，自己会一身正气；反之，与负能量的人交往，自己就会逐渐沉沦。做人应趋利避害，做事应追求成本最小

化、效益最大化，这种价值取向是值得推广的。

尤其在生活中，我们应该尽量与乐观的人多接触。感觉到阳光时，哪怕处于逆境也能保持快乐的心情，这种积极的人生态度是做人最好的资本。与悲观的人在一起，就连幸福也会成为一种忧伤。

近朱近墨，对我们的人生有着很大的影响，所以，尽量与正能量的人交往，生活也会充满阳光。

世事林林总总，人格也是如此。不同的人，人格迥异。有的人自爱羽毛，把人格看作生命，为人处世都有个度。这种人，相对来说算是高尚的人。

有的人人格低劣，凡事只想自己，从不为别人考虑，甚至为了一己私利不惜坑蒙拐骗，对别人造成伤害。这种人，相对来说当然是卑劣的小人。

还有一种中性人格，就是偶尔善良，偶尔邪恶。

世界如同一个大染缸，世人在其间泡着泡着，就有不少人变质了。这种人就是那种先善后恶的类型，当然，也不乏先恶后善者。

是什么影响了我们性格的形成呢？现在的孩子听话是出了名的，学校和家庭培养了一批又一批听话的孩子——一个孩子从能听懂大人的话那一天起，父母就会说："乖，听话，这才是好孩子。"进入学校后，我们听到最多的话是："听老师的话，当个好学生。"

看，病因就在这里。

　　我们评价一个孩子的好坏，竟是听不听话——先不论这话是对是错，只要是父母、老师的话，孩子都要听。这相当严重地扼杀了孩子的人格天性，是种非常残忍的束缚。可是，多少年来，我们乐此不疲。

　　这种现象要如何改正呢？这种孩子的人格又该如何改变呢？思索是一回事，如何在现实中操作是另一回事，两者都不可耽搁。

　　同样的环境，不同的人对事情的感知不同，但开朗、乐观是提升做人幸福指数的"灵丹妙药"。借用时下流行的一句话：愁也一天，苦也一天，何不快乐每一天。


　　人格遵循的，就是自己心的方向。心理健康，不但自己得到了可意的生活，也会给身边的人带去阳光，哪怕没赠人玫瑰，依旧有暗香散发在周围。

　　这样的人格当然应该点赞，拥有这种人格的人，也是沾了上苍福气后进行扩展的睿智之人。

　　培养健康心理，对一个人的一生有着特别重要的意义。凡事向前看，凡事往开了想——遇到不幸，要找到打开心灵枷锁的钥匙，不能消极等待，不能悲观，不能丧失活下去的勇气。

　　不妥协于命运，而是以冷静的思维想着如何处理事情，将劣势变成优势，化不幸为幸福。这才是大能耐，也是健康心理拓展到正常行为的一个放大影像。

　　总之呢，一个人能拥有正常的人格和健康心理，那才是完美！

## 4、病态心理，非正常人格

许多人具有病态性格而不自知，这种性格不仅常常会伤及他人，对自身健康也极为不利。

曾国藩看人、识人的学问源于《冰鉴》这部书，它所包含的理论不同于其他书籍。他说的"功名看器宇"，就好比有人说："这个人气度不凡。"吹过来的是风，衡量多宽、多长就是度。

"功名看器宇"，就是说这个人有没有功名，要看他的气度。"事业看精神"，这是说一个人精神好，事业才好。如果这些都不好，做一点事就累了，还会有什么前途呢？

"如要看条理，只在言语中"，一个人的思想高度如何，就看他说话是否有条理。这种看法已经做过多次实验论证，所以，这句话对于研究人的心理来说实在是金玉良言。

有人觉得自己的脾气很好，一般很少发脾气，可是会在某个瞬间突然发火；而一个本来性子活泼的人，偶尔也会失语、沉默。这种性格突变的背后，是否存在心理问题呢？

许多人具有病态性格而不自知，这种性格不仅常常会伤及他人，对自身健康也极为不利。

如果能够认识到这是一种不健康的性格，并随时加以自我调节和矫正，不断提高自身的文化素养，培养良好的处世心态，自我完善，对提高身心健康水平利莫大焉。

网络上，有位媒体人总结了当下人们存在的几种病态心理：

第一种是旁观心理。部分人有这样的心理，所谓"事不关己，高高挂起""各人自扫门前雪，莫管他人瓦上霜"就说明了这个问题。

第二种是过客心理。有些人好大喜功，只要任期内不出事就拼命搞业绩，最后自己升迁了，哪里管他人死活。

第三种是狗苟心理。虽然有人在口头上对狗的生活态度很不屑，甚至把没有生活质量的人不屑一顾地贬斥为蝇营狗苟。但就是这些人，却很熟练地掌握着狗苟的技巧。

第四种是从众心理。有句俗话说"枪打出头鸟"，所以，每当有他人的利益受到侵犯时，旁人几乎都不出头，最终的结果就是大家都受到损失。那样，大家反而都平衡了。而很多侵犯他人利益的人，只要把其中的带头者给摆平了，一切就简单、轻松了。

第五种是例外心理。在职场或是生意场上，总有人在约束之外享受特权。这就看你是否具有足够例外的资格与关系，关系足够了，总

能找到足够的理由。

第六种是奴性心理。嘴上说着众人平等，一旦自己取得一点地位，见到比自己身份低的人，总会摆出一副主子的姿态；而遇到自认为高贵的人，马上露出谄媚之态。

第七种是势利心理。成语"成王败寇"，是某些人有这种心理最直接的表现；"穷在闹市无人问，富在深山有远亲"，也是某些人势利心理的真实写照。

第八种是美言心理。这种心理最直接的表现，就是职场上某些职员对上层领导阿谀奉承。

第九种是利益为主心理。很多时候，我们刻意排斥别人的原因很简单，那就是利益在作祟。

凡事过犹不及，病态心理的典型代表自古有之。比如，北魏宣武帝灵皇后胡承华生子拓跋诩，立为太子。拓跋诩登基为孝明帝，尊高皇后为皇太后，胡承华为皇太妃。不久，胡承华逼皇太后到瑶光寺出家为尼，自己则成为灵太后。

胡承华有才华，处理政务也获得朝野官员的好评，但她私生活糜烂，权力欲极强。当上太后不久，她不想让已经成年的儿子亲政，遂造成宦官之祸。

后来，她更是杀死亲生儿子，立刚出世的小孙女为帝，转而又另立别人。待少数民族首领攻破洛阳后，把胡承华和小皇帝都沉入黄河。

胡承华既有文才，又贪武艺；既爱天下，又喜金银；既信佛教，又善权术；既贪图玩乐，又耽于情欲……直想把好处都占尽。众所周知，天底下哪有这么多的便宜可占？

史上还有个恶名昭著的女人贾南风，她是西晋开国元勋贾充之女，西晋惠帝司马衷之妻，又称惠贾皇后。她其貌不扬，但生性残酷，善于钻营，并生性妒忌、淫荡，秽乱后宫。

惠帝黯弱无能，国家政事皆由贾南风干预。她暴戾而专制，废黜太子，挑起"八王之乱"，使西晋陷入长期内战，后来在战乱中被废并被杀。

极致病态心理的女人，当数才女鱼玄机。她是唐代长安女诗人，性聪慧，好读书，有才思，尤工诗歌，与文学家温庭筠等有往来。后来她嫁给李亿做妾，遭李妻不能容，出家于长安咸宜观为女道士。

鱼玄机自伤身世，写过"易求无价宝，难得有心郎"等名句。她后来从弃妇变荡妇，大开艳帜，致使咸宜观车水马龙，过上了半娼式的生活。最后，因杀侍婢之罪被处死。


自恋，也是病态心理的表现之一。

自恋这个词，源于有关水仙花的希腊神话：有一个小伙子爱上了水中自己的倒影，他如此地痴迷于自己的影像，以至于在水边生根变成一株水仙花。自恋一词由此而来。

病态心理自然会导致病态人格，分为自恋型人格与边缘型人格两

种。在中国以儒家文化为主导的环境中，自恋型人格与边缘型人格是最为常见的人格类型，甚至可以说儒家文化本身就是以自恋型人格为特质的。

自恋失败，必然导致走向放纵，吃喝嫖赌、坑蒙拐骗等什么都做。到了最极端的结果，就是边缘型人格和叛逆型人格。

每个人或多或少都会有些自恋，但自恋型人格障碍者是一群悲剧性的人。这种悲剧性人格表现在：他们除了在乎他人、社会对自己的评价外，并不知道自己真正需要什么。由于既不能感受自己，也不能感受他人，他们就成了精神上的孤独者。

自恋型人格是最基本、最核心的人格障碍，其他人格障碍均由此演化而来。也就是说，边缘型、叛逆型、表演型人格可视为自恋型人格进一步发展的结果。

爱美也是自恋的一种表现方式。有个女孩子特别爱美，但她爱美有些过分了——因为她三天不买衣服就感到不舒服。她要用新衣服来提升自信，这令人感觉很好笑。

自恋型人格患者的认知存在歪曲，他们觉得自己不如别人，反而以骄傲作为面具来保护自己，从而导致对自我关注过度，进行诸多条件假设，包括对优越感、形象、能力、情感等的假设，他们会由此激活自我夸大策略和寻求对优越感的物质依赖。

这种病态心理的形成，已成为一种"实病"和"慢性病"，要治得费一番功夫。

## 5. 心理冲突，没有理智的人焉能接受理智

当心理冲突发生时，只要不是重度患者，偶尔因某事不能拿定主意，一定要客观、冷静地分析形势。

一个人能半开玩笑地化解尴尬，这是城府；喜怒不形于色的人，并不是高深，而是成熟。有人喜欢简单，有人却不得不以复杂来包装自己，也是各取所需。当然，为了在生存中不被淘汰，而建立在自保程度上的心理冲突是可以理解的。

有个人一直喜欢搞文学创作，但没有正式职业，后来家里穷得不像样了，老婆就因他无能离他而去，孩子也嫌他窝囊。四十岁时，有一天他忽然就开窍了，觉得爱好不是生活，生活是很残酷的。

想通了这一点，他就把小心藏在内心深处不易被人探知的力量投入到生活中来。人的心在哪里，用心去做事是会在你投入之后得到回报的。后来，这个人在当地创办了一家名企，成了一名具有一定社会地位的企业家。

这个世界有时就是以残酷为底色遴选成功者的，只要是有思想的人，做事都会权衡利弊，这是人之常情。

某件事是这样做好，还是那样做好，每个人都会有这种心理冲突。向左或向右，决定了事件朝两个不同方向发展的最终结果——理智之人，自然会做出正确选择；失去理智的人，则会把自己逼到更加被动的处境。

上述案例中的那个人，何尝没有过心理冲突？他把梦藏起来，分明是藏起了一个真实的自己。

他明白，要想在这大千世界中活出个人样来，只靠文学梦是不可能的。所以，他经过心理冲突后，以理智为方向，朝命运的前方走去了。也因此，他收获了事业上的成功和人生的幸福。


两个动机，会促使个体在行为上追求两个目标，但两个目标无法同时兼得，就会像鱼和熊掌只能择其一。

比如，有时候要爱情就不能要物质，要物质就得舍弃爱情。或者，手里的钱是买房还是买车，二者只能取其一，这也是心理冲突的典型事例。

事实上，在面对人生选择时，很多人都会有心理冲突、矛盾的心情：到底是这样做，还是那样做？

比如，在这个崇尚减肥的时代，真正想要减肥需要坚持、需要恒心，因为体重随年龄增长是自然现象。嘴上说减肥的人多，真正减肥成功的人少。这是个漫长而煎熬的过程，路漫漫其修远兮！

减肥不仅需要控制饮食，还需要坚持锻炼。今天锻炼了，明天大吃大喝，后天忙着应酬，怎么可能减肥成功呢？

身材苗条的人，一般都有着一颗勇于约束自己进食的心，有着坚持锻炼的毅力。说不如做，只有真正践行减肥计划，双管齐下才能让苗条成为可能——管得住嘴是其一，迈开腿也是其一。如是，减肥成功指日可待。

在这个时代，无论是男人还是女人都偏向于以瘦为美。所以，自己给自己添堵的胖子们别再怨天尤人了，做内心强大的自己并不容易——减肥成功与否，效果怎样，会不会反弹，都需要时间的检验。这是残酷的事实，也难怪会产生心理冲突。

因为意向的摇摆不定，选择也有左右两难的冲突模式。

假如两件事都有排斥力，我们都力求避免，但必须择取其一的时候，就难以决定了。这是双避冲突与双趋冲突的复合形式，也可能是两种趋避冲突的复合形式，即：两个目标或情境，对个体同时有利和有弊。

面对这种情况，当事人往往会陷入左右为难的取舍中，即产生双重趋避冲突。

最直接的例子就是，一个单身汉有自由之乐，但也有寂寞之苦；结婚的人，有家庭之乐，但也有家务之累和生活压力。

人的生活是多层面的，有家庭的层面、事业的层面、社会的层面，在不同层面中遇到的问题都需要个人去选择、决定。

在选择时，有的重感情，有的重理性，更有的因患得患失而不得不考虑利害关系。

如此看来，日常生活中产生心理冲突在所难免。

甚至，我们也可以想象，能力越高、条件越好的人，在精神上越可能感受到更多的心理冲突。因为，他们比一般人有更多的选择机会，同时，他们比一般人也有更多的动机和追求目标——动机与目标多，在选择上又怎能避免困扰呢？

打个有意思的比方吧，有人诚心信佛，可是一谈到出家就舍不得抛弃男欢女爱——要么做居士，要么做凡夫，只是不肯真的剃度出家，这是因为心系红尘。所以，他们不可能成为四大皆空的出家人。

但是，他们对佛祖的信仰也是真的。于是，他们就以居士之身侍佛，同时在家而不出家。这是理智在起作用，如果信佛到那种无上的地步，自然就会真正放下一切而隐身空门中。


当一个人产生心理冲突时，得看理智是否占了上风，因为理智是为人处世的关键。

心理冲突一般有常形和变形两种，究竟是常形还是变形的，是判断个体异常行为是心理问题还是神经症的重要指标。

常形有两个特点：一是它与现实处境相联系，涉及大家公认的重要生活事件。例如，夫妻关系不和，想离婚又舍不得一下子放弃多年感情，于是双方陷入了长期的痛苦挣扎中。

二是它带有明显的道德性质。无论你持什么道德观点，总可以将冲突的一方视为道德的，而将另一方视为不道德的。

当心理冲突发生时，只要不是重度患者，偶尔因某事不能拿定主意，一定要客观、冷静地分析形势。要是实在管不住自己的意念，不妨找个可靠的人一吐心事。因为有了疏导渠道，让理智占了上风，就会把人生的负数慢慢变成零，甚至变成正数。

但是，绝对不能逞一时之快给自己埋下不幸的种子。因为，理智是安身的法宝。

## 6.人格缺陷，人格分裂

要有意识地锻炼自己的胆量和能力，避免人格缺陷造成的不良后果，凡事要思先于行。

我发现，我们的先辈真是太聪明了，他们积累了太多的生活经验，总结了太多的金玉良言，给后人以无穷的启示。

人无完人，每个人都有优、缺点。孔雀的聪明在于，它总是把美丽的一面展示给世人，而它的背面呢？

对人对事，如果我们能持公允的看法就会永远保持平常心。看到能人、高人，我们要知道，其实那些"能和高"是他们人生的主旋律，而他们在其他方面也是必然存在缺点的。如此，才不失为宽容。

曾经的演艺圈名角、一代佳人翁美玲，貌美如花，事业上顺风顺水，可惜为了爱情想不开而自杀离世。是的，无论她曾经有多少光环、荣誉，都抵不过她因爱情失意而对人生产生的厌倦。

这就引出了我想说的话题——人格缺陷。

人格缺陷是相对人格障碍而言的，但是，人格障碍是一种心理疾病，而人格缺陷在正常人身上均有所体现。

人格缺陷，是人格的某些特征相对于正常状态而言——它处于一种边缘状态或亚健康状态，与酗酒、赌博、打架等恶习有关，或互为因果。它是介于人格健全与人格障碍之间的一种人格状态，也可以说是人格发展的一种不良倾向，或轻度人格障碍。

常见的人格缺陷，有自卑、抑郁、怯懦、孤僻、冷漠、悲观、依赖、敏感、自负、自我、多疑、焦虑，或对人敌视、暴躁、冲动、爱搞破坏等。

这些都是不良的心理因素，它们不仅会影响生活，妨碍正常的人际关系，还会给人蒙上一层消极、阴暗的色彩。但并不是说，这类人就应该被社会抛弃。

一个人的成长如果是阳光型的，遇到再大的风雨也不会畏惧，依然会乐观地追求光明的生活和美好的未来。

相反，一个再幸福的人，如果性格不阳光，也不会满意命运的厚爱，比如像翁美玲那样选择自杀。

还有演艺界的巨星张国荣，也是人格缺陷（抑郁症）比较严重的人。他如果不选择自杀，恐怕也过不了心理那一关。

活在这个世界上，无论你怎样聪明、怎样有能耐、怎样有思想，都得接受你所生活的大环境。逾矩，等同于自己淘汰自己；不逾矩，自己又跟自己过不去。

　　家人对人格缺陷的宽容度最大，也最无私。父母之于子女的爱，是不计较人格缺陷的，什么都能接纳，这就是血缘之爱。

　　夫妻间因共同生活对彼此了如指掌，但夫妻间的宽容是有前提的，他们有时无法遵守"白头偕老"的誓言——在一起是夫妻，不在一起时不成仇人就不错了。可见，夫妻间的人格缺陷需要的不仅是宽容，还有爱。

　　遗憾的是，夫妻在经历了爱的激情之后，无论是七年之痒还是岁月沧桑，彼此如同左右手，早就成为一种亲情。于是，一方开始厌倦另一方的某些人格缺陷。

　　也有对婚姻忠诚的痴男怨女，始终如一地保持着对对方的爱，哪怕明知对方有缺点也不放在心上。这才是爱的最高境界。

　　有个朋友曾说过这样一件事：她二哥离婚后另娶了一个女人。本来，她家都对原配二嫂很认可，也很欣赏；但她二哥厌倦了原配妻子，不仅外面有人了不说，还要离婚另娶。

　　当时，无论谁劝她二哥，对方也不听。结果，原二嫂很快成为前二嫂，小三成为名正言顺的新嫂子。也就是说，只要是她二哥的女人，就是她二嫂。听来，心里凉飕飕的。

　　由此来看，还是亲情可靠，至于友情，有时也是不堪一击的。其实，人的感情是最经不起时间的考验，可笑的是，人们往往会自圆其说，美化感情。

有自知之明的人，既能看到自己的长处，也能看到自己的短处。这样的人最容易成功，因为他对自己掌握得比较平衡，不会一叶障目。这也是这种人的可贵之处。

某些有人格缺陷的人，人生对他们而言则充满了委屈和不平。他们会觉得，要么全世界都对不起他们，没给过他们机会；要么就是大家不识货，自己空有一番想法不能作为。总之，怀才不遇是他们共同的心病。

事实上，从古到今，怀才有遇的人从来都是少数，怀才不遇者才是多数。有能力却没得到重用的，绝不止你一个，还有其他人——人家也是金子，只是没有机会发光而已。如果能这样想，你就不会那么郁闷了。

纵观中国古代历史，不少皇帝都有显著的人格缺陷，只是因为位居九五之尊，别人不敢说而已。

比如，大才子李煜填词千古流芳，做皇帝却丢了江山，为后人所鄙视。其实，从他自身来说也未尝不悲哀：喜欢做的事情不能做，他还生不逢时，结果戴了顶"千古无为帝"的大帽子。

词坛的盛誉与做皇帝的无为，这似乎风马牛不相及，却又殊途同归，让后人不禁叹息。如果真能选择，李煜怕是会毫不犹豫地选择做个文人雅士，而不是去做掌控生杀大权的皇帝。尤其是最后做了亡国之君，这令李煜到死都觉着愧对列祖列宗。

历史上还有爱做木匠活的皇帝、抢儿媳妇的皇帝……倘若编一本《宫廷奇葩帝王传》，估计能网罗一大堆。

有的人常从消极角度去看问题，总把眼睛盯在困难方面，或认为注定失败的结局是无法改变的。实际上，这是用悲观情绪来对待挫折，结果是"帮助"挫折来打击自己，在已有的失败感中又增添新的失败感，就像在伤口上又撒了一把盐。

这种悲观心理发展下去会使人浑浑噩噩、毫无生气，甚至厌世、轻生。要知道，悲观、羞怯心理是不健康的，对人的身心危害极大。

乐观是人生成功的最佳筹码。

你应该相信这样的结论：乐观是成功之源。当然，应该多培养兴趣与爱好，多参加集体活动，多加强体育锻炼，多看幽默剧、相声等能给人带来笑声的节目，这样有助于乐观性格的养成。

实际上，做人做得再面面俱到，也不可能得到所有人的认可。因此，不要太在意别人的议论，所谓"人多口杂，金子也会融化"。总把别人说的话放在心上，会让你寸步难行，什么也不敢做、不敢说。只要自己看准的，就大胆去做——要知道，无论你做得多好，也不可能得到所有人的称赞。

要有意识地锻炼自己的胆量和能力，避免人格缺陷造成的不良后果，凡事要思先于行。只要加强自我涵养，就能自觉地养成沉着、冷静的习惯。

慢慢地，改掉自己在工作中冲锋陷阵式的习惯，细心、认真地行事，有条不紊地做好自己该做的事，你就已经成功了。

## 7. 隐藏的你，潜意识的人格

经过里程碑式的心路历程，最后演绎的是"我们"和"世界"之间的精彩较量与沦陷。其实，从某种意义上来说，这也是重生。

谁都喜欢往自己脸上贴金。拘泥于世俗，世人学会了有意无意地隐藏，这种精明的为人，算是自己给自己配的营养药吧。

有没有人敢把真正的自己完全展示给他人看呢？估计只要是正常人，几乎都不敢。或者，我们早就习惯了心灵忠实于自己，身体背叛了自己吧？这不可悲，当然也不可喜。

生活在这个快速发展的社会中，大多时候我们呈现给外人的，都不是真正的自己。我们无师自通地习惯了戴着面具与人接触或交往，而那个真正的自己，往往藏而不露。

这是一种变相的自保。

某地发生过银行运钞车抢劫事件，水落石出后世人皆惊：原来，这是押车人员中出了内鬼才发生的意外。这个人抢了运钞车中的钱后，还清了他之前欠下的债务，剩余的钱藏在了家中，直到被抓获归案。

据调查，这个抢劫犯平时为人非常老实，也无前科，做人在亲朋中还蛮有诚信的。在出了这么一档子事后，亲朋都惊诧不已。

一个原本在外人眼里看来是循规蹈矩的人，怎么就变成抢劫犯了呢？从量变到质变的过程中，是什么改变了他？他是从什么时候开始改变的呢？

人格改变，意味着心理能量的方向发生了改变。

每个人的初心都是好的，都想成为被他人仰望或敬重的人。但世事难如愿，活着活着就遇到了山坎水坷，我们的行为会因为现实而发生改变。即便是非本意为之，但我们离当初天真的自己已相去甚远。

这是事实，也是人活着要面对的现实。

不必唏嘘，每个人的一生都会因际遇而成熟，不再青涩，不再轻信，也不再动不动就热血沸腾。

所以，我们会不自觉地把真我隐藏起来，把戴着面具的自我呈现给世人，这就是对潜意识人格的通俗理解。

而隐藏的自我，就像睡梦里均匀的呼吸声，真实又虚幻，不细听，根本听不到。

隐藏是种不自觉的行为，是受潜意识支配而不由自主发生的。比如，恋爱过程中，男女都会潜意识地隐藏自己的缺点，向对方展现自己的优点。这是正常反应。

每个人至少有两种人格，不信，你回想一下自己的性格，就会觉得自己身体里不经意间冒出另一个不一样的自己。

近年来随着网络的兴起，网恋也层出不穷。一个人在虚拟网络中和现实中的表现不一样，这是本能，但向外人主动表现一个失真的"优秀"的自己，很有可能是因为爱上了网络中某个人，所以才虚拟出完美的自己，但那并不是本性上的坏。

当然，在第一人格的基础上缔造多人格或单人格也是常见现象。但你不会发现它，因为其他人格出现的时候，它会屏蔽第一人格和另外的人格，会扭曲你的思维，使你的思维朝着第一人格思维的反方向走。

第一人格也好，第二人格也罢，个性扮演是避免不了的。

隐蔽的自我，是一个人的另一种面目，大多数人会以不隐蔽的个性面对世人，面对这个复杂的世界。人通过感知，决定了什么是最重要的、价值观是什么，包括自己想要的生活是什么样的等一系列问题，获得了一种"我是谁"的感觉，形成了一定程度的自我理解。

然而，有些个体没有那么幸运，他们的发展呈现出角色混乱的局面——在没有明确认识自己和生活意义的情况下，他们便仓促进入了成年期，开始往返于各种角色之间。

当隐藏的真我与现实中正常的自我南辕北辙时，你会不会懵懂和茫然？别不好意思承认，这没什么，只是人的本性而已。

如同有的女人，先不说长得美丑，只要一见到异性马上就兴奋，话也多了，表情也丰富了，连五官都跟着生动起来——这种变化，或许她自己都没意识到就那么一幕幕地出现了。原因无他，只是因为这种女人天生对异性超感兴趣。

有此类表现的男人也不在少数，他们对异性充满了极大的兴趣，只要身边有异性在时就嘚瑟，不嘚瑟都对不起自己，那架势像要把自己一身武艺都表现出来似的，眼神和肢体同步"浪"起来，像失控了一样。

其实，这类人平时说话有分寸、做事有尺度，可但凡与异性一沾边，隐藏的"我"就冒出来了，成为一种"癖"。

心理活动是种非常微妙、复杂的思维方式，隐藏的和现实中的两个"我"，一个引领着我们在现实的河里泅渡，一个牵着我们在回忆里狂奔。


与潜意识相对应的，是人格结构中的"本我"，它包含对满足一切本能的驱动力，就像一口沸腾着本能欲望的大锅。本我的一切都是无意识的，是本能与自发的。

岁月侵蚀了我们的身体，阅历却擦亮了我们的灵魂。看，心里平衡了吧——命运，其实还算是不失公允的。理智，对，必须提到理智这个问题上来，这是个比较高大上的词儿，有内涵，像雅士。

每个人都有许多不同的阅历，这些阅历与意识、潜意识相对应的是人格结构中的"自我"。它代表着我们的人格中能够保持理智和自我控制的部分，是我们对现实的道德判断。

此外，"自我"还监督本我的动静，不让它轻易发泄出来，因为我们的潜意识总不安分的，总想突破封锁跑到我们的现实生活中来。这样，我们的大部分心理能量都消耗在对本我的控制和压抑上了。

行事有方圆，不能逾矩。

潜意识里，我们对自己在做什么是清醒的，很少有真失控的情况。有很多心理疾病的人本身就是命运的受害者，只有等到人格重建与融合，才会扭转到原来的轨道。

倘若不幸，一个人拥有了复杂的多重人格，这几个人格就会各司其职，在需要自己的时候出现，共享原本只属于一个人的身体。想想看，是不是很恐怖？

或者在某一阶段，人格自行消失或又产生都是有可能的。人的潜意识就像播种机，播什么种子也是件不好解释的事。

有的人格之所以开始消失，是因为当一个人身上的压力太大，再也没有多余的精力来维持那些人格时，一种相对次要的人格会被动消失。这样到底是好，还是不好呢？

拥有多重人格的人自身倦了，身边的人也会倦。所以说，压力比

较大的人、心思比较缜密的人、感性而缺乏理性的人，都容易在不知不觉中失去自己的某一种人格。

不管怎样，你得懂这样一个道理："原来，有时候勇气不是自己创造的，而是别人给自己的。"怎样，这下心里还能不能平静了？

女人说："疼痛会让人清醒，爱情会让人盲目，真想知道当你有多痛时才会彻底放弃某个自我。"

男人说："只要我还活着，就依然爱你。"

曾经的青春一闪即逝，无论是谁都会经历这一遭。

曾经年轻过，爱过，也满腔热血过，可现在呢？血凉了，爱也没了。是这样吗？罪魁祸首是谁？丢失的那个是你的魂，还是壮士可断的臂？你说呢？

每个人的心里都隐藏着一条毒蛇，它会啃咬你的灵魂，损伤你的肉体，直到将你完全吞噬。而心理咨询师的职责，便是深入人的潜意识猎杀"毒蛇"。

一副躯体，多个灵魂，你喜欢的是哪一个"我"？你讨厌的又是哪一个"我"？百闻不如一见，撞见陌生又熟悉的自己，你还能保持清醒吗？你的潜意识还存在吗？

经过里程碑式的心路历程，最后演绎的是"我们"和"世界"之间的精彩较量与沦陷。其实，从某种意义上来说，这也是重生。

有很多爱情悲剧，一方爱得死去活来，一方却断得义无反顾。于是，被抛弃的那个人因走不出情感的死胡同，七情不肯死，六欲也不肯死，藏不住自己的感情，更掌控不了自己的行为，被潜意识牵着鼻子走。

这种人，原则上来说，很难得到自己想要的幸福。

## 8. 相由心生，思想的质地

简单地说，你的认知变了，这个世界也就不同了。这也就是同样看日落，为什么有人觉得很美，有人会觉得凄凉的原因。

这世上有些无趣的人，无论是怎样好笑的事到了他们面前，都会觉得没意思；而有趣的人，即便生活得千疮百孔，在他们看来那也是岁月刻意的馈赠。面对同样的环境，不同的人会有不同的心情，所以，人们面对这个世界的态度决定了自己的现状和结局。

先讲一个"相由心生"的故事。相传，裴度年少时贫困潦倒，某天，他在路上巧遇一位高人。高人看了裴度的面相后，发现他的嘴唇纵纹延伸入口，恐怕有饿死的横祸，因而劝勉他要努力修善。

裴度依教奉行了。日后，裴度又遇此高人，高人看裴度目光澄澈，

脸相完全改变，告诉他以后一定可以贵为宰相。

依高人之意，裴度前后脸相有如此大的变化，是因为他不断修善、断恶，耕耘心田，所以相随心转。

高人问裴度是怎样化解了以前贫困的生活。裴度说，他没做过什么，只是归还了一条自己偶然拾到的玉带而已。高人说，正是这件善事改变了裴度的命运，而且他以后会大富大贵。

"裴度还带"的故事说明，凡事都有转机，人生会不断变化。这也是世人向善的善报。

相由心生。你的心地善良，长此以往会带给你柔和与温馨的面相，而这就是"美德"的精神内核。

相由心生，是指人的仪容总受心灵、思想因素的影响而不断改变，换言之，人的思想感情、心灵情感必然表现在人的仪表上。也就是说，一个人的精神世界虽是内在的，不可见的，但实际也会给人外在的直观感受。

比如，小偷、流氓，外表给人猥琐的感觉，是丑陋的；一个内心善良、助人为乐的人，外表给人阳光、温暖的感觉，是美的。

一个人的喜怒哀乐，呈现在面貌上是岁月刻意的勾勒。为什么出家人一般都方头大耳，看着慈善呢？就在于他们清心寡欲，对这个世界的欲望少之又少，心中澄明，所以活得轻松。

倘若你整天愁眉苦脸，自然就会生出苦瓜脸；如果你一脸怒气，必定生成怨相；要是你乐观、和善，当然慈眉善目。

表情是瞬间的相貌，相貌是凝固了的表情。所以，有人说："十岁前，你的脸不讨人喜欢，可能是父母的错；可如果三十岁之后，你还长着一张让人讨厌的脸，那肯定是你自己的问题了。"

从今天开始，每天微笑吧，哪怕你一整天遇见的都是烦心事。

"心者貌之根，审心而善恶自见；行者心之表，观行而祸福可知。"恶人有恶相，那是内心的情绪长时间折射到面部的结果，善人善面也是这个道理。相由心生，思想的质地开出怎样的花，那完全是由自己的修养决定的，根本怨不得别人。

虽然人的出身是先天注定的，但通过后天的努力，你完全可以让自己成为正常范围内你想成为的人——只要不是异想天开，只要肯努力，总会有收获的。

《金刚经》云："一切有为法，如梦幻泡影，如露亦如电，应作如是观。"相由心生一词在佛经和相学中有不同的解释：佛学的"相"，一般而言是指事物的表现形式；相学的"相"，则是指面相。

花草是相，男女是相，美丑也是相。禅宗六祖惠能于黄梅得法后来到广州法性寺，正当印宗法师讲《涅槃经》时有风吹幡动，一僧曰风动，一僧曰幡动，议论不已。惠能进曰："不是风动，不是幡动，仁者心动。"

佛曰：命由己造，相由心生，世间万物皆是化相，心不动，万物皆不动，心不变，万物皆不变。六祖为什么说是"心动"呢？因为相

由心生，相动心亦动也。六祖并不是否定风动、幡动，而是"悟"到了最终动的是心。

思想的砝码成为"相"的一种外延，这是偕趣、偕思的渗透。那么，"相"与心是什么关系呢？人们常说心想事成，心怎么能想呢？应该是脑想啊！

实则不然。《黄帝内经》云："心者，君主之官也。虚灵万应，故神明出焉。"所谓"神明"，就是指人的思维意识，而这是人脑的功能。也就是说，中国传统文化中所说的"心"的概念中包含了人脑的功能。

生理解剖学中，"心"的概念是西方传来的，但此心非彼心。如此说来，我们看到的"像"不是眼外之物本身，而"觉"的是由"心"所间接生成的像，而在一般概念中又把这些"像"称为"相"，所以才有"相由心生"之说。

心情是面相的晴雨表。人们常说相由心生，一个人的面相和身相其实是相关联的。一个人的长相是天生的，但嵌在长相中的那种气质是平和还是戾气，是温柔还是暴躁，与心情息息相关。

不开心的人，脸上不可能有太过喜悦的表情，就是勉强装出来，内心也会受到极大的压抑。

由里及表的快乐，才会让一个人的面相阳光明媚。如果人的情绪总是快乐、喜悦的，那他的面相也会喜气盈盈，不好的事会绕着他走，好事却会主动找上门来。

言笑晏晏的女子，笑容本身就是最生动的妆容，不必再过多化妆。女人的优雅，也是岁月的恩赐，连带面容的年轻——外表美不美、老不老，在很大程度上都是由自己的心态决定的。

作为女性，没有谁不想青春永驻，美丽永存。但随着岁月的流逝，皱纹会慢慢地爬上她们的脸，使她们衰老。可是，你要知道，微笑才是最好的化妆品。

有一个女人，离异后独自带着女儿生活，现在已过不惑之年，看上去也就像三十岁左右。朋友都好奇她是如何做到容颜不老的，她像是说别人经历似的说出了自己年轻的秘诀。

女人的经历，成为相由心生的最好写照。

十年前离异后，女人天天蜷在家里，恨前夫无情、负心，叹自己可悲、可怜。那段时间，她深陷在灼痛与绝望的旋涡，衣衫不整、憔悴不堪，一下子就衰老了很多。

时间是最好的疗伤剂。一年后，女人决定彻底换个心态，好好补偿自己——做个强者，对，就是这样。

心境开合处，生活也因为心态而开了一扇门。逛街，看电影，练瑜伽，见朋友，带女儿四处旅游。几个月下来，女人像换了一个人，比以前更精神、更漂亮，也更懂得爱惜自己和女儿了。

女人终于学会了该如何用正确的心态去生存，这也算是"凤凰涅槃"吧。

世俗的真谛之一，是由表及里。因为由表及里，面相成为心灵的图像。望闻问切，也是从望开始。由表及里，也成为医生诊病的方法，是治病救人的一个层面。做人，何尝不是如此？

很多时候，我们也需要由表及里地进行改变，因为一口吃不成胖子。比如，见过大场面的女人喜形于色而又能藏于色，控制自己的情绪毫不费力，简直是思想指导现实的一流剑客，能在不动声色中迸射出令人惊艳的眼神。

内心的力量具有渗透性。

人的情绪，是自己面相的最佳补品，是一种灵魂的滋养。在日常生活中，要想拥有良好的精神状态，就要对任何事情都保持乐观，不要轻易为一些小事而烦恼，这就避免了心情的低落。

相由心生，面相是长得凶恶还是和善，那是由你的心是善是恶而决定的。

相由心生，境随心转。境随心转，意思是你处境的好坏，随你的心情而改变。如果你心态知足，再坏的环境对你来说都是好的；如果你心态不好，再好的环境对你来说也是差的。

你的心境会影响你的行为举止，进而养成习惯、改善性格和改变外貌。如果心境不再为外界所困扰，却因自己的本性而变得善良、美好、乐观、积极，即可转换你的环境。

简单地说，你的认知变了，这个世界也就不同了。这也就是同样看日落，为什么有人觉得很美，有人会觉得凄凉的原因。

人活着活着，什么就都与设想的不同了，所有表情的按钮都关了——顾盼生辉早就没了，巧笑倩兮也没了，忧郁也没了。最终，平和会成为岁月最深情、最寻常的馈赠。

# 9. 个体诠释，"我"之性格 A、B 版

把本我中的愿望和现实中的种种戒律整合起来，才能形成现实的、能应对各种困难与挑战的健康人格。

我的一位女性朋友，她喜欢诗词，也擅写。不过，她所写的诗词全是卿卿我我那一类的婉约风格，如果不了解她的人，单看诗词一定会认为她是当代"林黛玉"。

接触下来才发现，全不是那么回事。原来，这位姐姐喝酒海量，喝完还磨人耍酒疯。但更有趣的是，她会在喝酒前声明："让我喝酒？我可会耍酒疯的！"

她这种两面性格，好多朋友不解。

本我、自我、超我，是一个人的三重身份，更像三菱体的三个面。一个人怎样，不但自己心里有数，外人也是有评价的。

个人与外人的评价体系之所以存在差异，在于角度不同，所以对个体的诠释也会有所不同——每个人看问题的角度不同，得到的结论也就有所不同。明白这一点，对我们的为人处世，包括对他人的看法都会有个比较客观、公正的定位，而不是以某一个人的观点为准。

据说，周星驰在现实生活中是一个不苟言笑、很严肃的人，但在影视作品中他是当之无愧的"喜剧之王"。这种复杂的两个"我"的对峙，也是性格 A、B 面的特色之一。

人的个体是矛盾的，有时善良，有时卑劣，真正从一而终的善或恶的人并不多。这就是个体生命的双重性格现象，是一个人性格的"A、B 版"——虽然版本不同，但绝对是同一个人。

有的人对自己的生命个体非常自私，万事只要我舒服、我高兴，至于别人如何与他无关。这种人的个体诠释只能是两个字：小人。

有的人对自己的生命个体虽然敢爱，却把更多的爱给予了身边的人和这个社会——无论遇到什么事，最先考虑的都是别人，生怕自己给别人带去不必要的麻烦。

这种人是善良而敏感的"小动物"，有着柔软的触角，他们会替别人考虑，为自己做什么总是不好意思。对这种人的评价也是两个字：好人。

还有第三种人，万事能折中，自己不吃亏也不占便宜。这种人算是聪明的了，要是给个定义的话，应该是智者。

这三种人中，真正幸福的是哪一类呢？不用绕弯子也能猜得到：好人是最幸福的。

善良的人不但有自我，眼里、心中更有他人，或者先有国家，后有自己的小家。这都是为人称道的高尚品格。

细节看为人。就拿旅游来说吧，经常出去玩的朋友，尤其是女人，拍照是她们乐此不疲的喜好。有意思的是，有些人拍着拍着竟然有了感悟——原因不外乎，他们觉得从拍照的处理方式上也能看出一个人的修养。

你喜欢拍照，也愿意给别人拍照，这是种美的享受。亲近自然或自我放松，无论是自恋还是自娱，都不失为一种因心情而得的小快乐。

有的人给别人拍照，回来后往往先行挑选，把朋友拍得不好的删去，把拍得好些的发给他们，从中感受到一种生活的乐趣，还有对自己摄影技术的自我褒贬。

把别人拍得漂亮，娱人娱己。美美的相片，无论是他人的还是自己的都很养眼，也令人感到愉快。这是种情感的互动。

来个转折吧：慢慢地，你会发现，还有一部分朋友以将别人拍得难看的照片发出去为乐事，大有衬托其自身美的意思。发现这种情形后，细思，这样的人真不在少数。

这种人的思维和想法真是难以理解，但也能够理解。以对一件事的处理方式作为择友的依据，当然不是一时一事，而是很多事累积的效果。

当你发现这种人时，大可不必以其为友，因为就算你付出再多，你也顶多会成为对方的一枚棋子——以此显示出那个人自身的光彩，而他对你只是一味地丑化，恨不得将你弄得无地自容才好。

还有一种人，出去玩的时候，自己玩得不亦乐乎倒没什么，关键是把自己沉重的背包全塞给别人，好像天经地义一般。人家根本不欠你什么，为什么要替你拿东西当苦力？

这种人也不值得交往，因为太自私。别人给他拍几百张相片都行，轮到他为别人拍时避之唯恐不及——没那个闲心，也没那个闲时。

说来说去，旅游能体现一个人的秉性，也能体现一个人的修养与德性。一些事情虽然小，却能折射出一个人的真性情来。

真正的朋友，应该是什么样子的呢？

人生有不少可意或不可意的解，你怎么领会、怎么筛选、怎么寻找、怎么取舍，都是个问题，这也是时间长河里很生动的小插曲。只有看清对方性格的 A、B 面，才不会发生遇人不淑的憾事。

人为谁而活？这个问题也时常困惑着人们。朱迟迟的著作《我不想做一个"通情达理"的好姑娘》，以独特的视角对个体进行了诠释。

你们都快乐了，知道吗？你们的快乐是建立在牺牲了某人的快乐的基础之上的，所以，今天，某人忽然开窍了，不想再做一个"通情达理"的好姑娘——她想为自己活着，想让自己快乐，而不是无休止地成全别人。

朱迟迟说，好姑娘只得到了一个"好"字，"坏姑娘"却得到了所有。事实呢，很多人都在为得到他人认可的过程中，失去了自己很大的一部分幸福。这是遗憾，也是无奈。

我们为了被这个世界贴上"好"的标签，主动放弃了太多属于自己的幸福，这样的得失，真的划得来吗？性格也有自私的一面，也就是真我的一面，不是谁都有勇气彰显出来的，大多数人一辈子都在戴着面具做好人。

如同一个人，某天忽然就想通了，不想成天看别人的脸色去取悦别人，而是想为自己活着，想痛快地做自己。哎，傻瓜，经过这么多年，你终于悟道了，值得庆祝。

所以，你是自己最珍贵的礼物。

因为要洞悉别人的心事，也捎带着把自己的心事理一理，这种心境非常可意。实际上，一个人的心情能保持平静，还真是难呢。

谁都想做一个通情达理的人，但也不应该做一个事事谦让的人。当然，这不是要我们对这个世界进行抢掠，而是要适度地懂得拒绝，找到生命最佳的解。尤其是，照顾别人前，先把自己照顾好。

做一朵耀眼的花而不是绿叶，这样绚烂的人生，你真的不向往吗？

女人的性格说来更富于变化，可能有 A、B、C 等系列版本，她们有时是天使，有时是魔鬼。女人的个性造成婚姻如城，突围是学问。

身处爱河的人，请问，想没想过爱你是我自己的事，与你并无太大关系。其实，爱情里的喜欢、计较、逆生长，爱情抵达婚姻后的改造或原装，以及三观不合的婚姻，都是形形色色的现实反映——真味如何，品者自知，类似于拼装组合的心情杂感。

不论是生活亏待了你，还是你放过自己后的豁然开朗；也不论是生活不顺产生的悲观情绪，还是受过挫伤的励志大师继续修炼，只要记住这句话就行了——你别配不上自己的野心。

最后，做一个"唯愿此生，憎恶不写在脸上"的女子，这才率性，这才敞亮——所发生的事情皆有伏笔，这才是对生活真正的领悟。


一个人用经历来填补自己的思想空白、缓解心灵的疲惫，这是难得的收获。这时，需要"超我"出马，因为它代表着道德。社会准则和自我理想下的自我，则按照"善"的原则行事。

限制本我，指导自我，如果我们能够很好地协调自我与本我，面对生活中的各种问题，能够适当地释放自己的愿望，使自己的生活处于一种和谐的状态，就会产生超我。

而对于一个人来说，把本我中的愿望和现实中的种种戒律整合起来，才能形成现实的、能应对各种困难与挑战的健康人格。

隐藏和彰显是一个人性格的两个层面，本我与超我像一枚硬币的正、反两面。刻意隐藏与不由自主地隐藏，也是为人的两种状态——一种主动，一种被动，表现出来也各有千秋。

## 10. 低调一些好，把握做人的尺度

慧者之思，需要有放下的魄力。有些人却因对功名利禄的无限追求，主动走上不归路，这相当于玩火自焚。

低调做人，低调做事。这是某些人的处世法则，也是他们的人生一直顺风顺水的内涵。

人越上年纪，经过时间的打磨，对人情世故越会有新的认知。低调是中国人总结出来的"做人铁律"，个中况味也只有低调之人自己晓得，抑或因为低调笑出日薄西山的悲壮，毕竟夹着尾巴做人有失畅快。

做人真是矛盾，逞一时之快却会带来更多的不妥。所以呢，权衡利弊还是低调一些好，毕竟谁都不想做先烂掉的橡子。

某公司才华男 Y 君，学历高大上，技术高精钻，口才堪比演讲

师，人缘好，领导也赏识他，就是一直坐在部门副职位置上不去。对此，他心里非常不舒服，想不通领导为何不对他委以重任。后来，心高气傲的他辞职离开了单位。

Y君跳槽到新单位后，紫气依旧没有东来，事业也没风生水起，他还是一个普通员工。后来，一位好友向他言明其中缘由：他虽然优秀，但平时总是高调行事。而高调是职场大忌，只有低调做人、低调做事，才会有所成。

Y君明白了症结所在，从此不再张扬，也很少出风头，做好本职工作后再去帮助其他同事也不多言语。不久，他就升职了。

是金子就会发光，付出终有回报，低调做事是一个人成功的先决条件。但低调做事不是马马虎虎，而是辛勤耕耘，做好自己应做的事，才能做出成绩。

做人低调，做事低调，坚守自己的原则，以平和的心态对待人与事，在人际交往中自然会有收获。

很多时候，高调行事会惹人嫌厌，而低调做人才可贵，因为它表示的是谦虚、谨慎、不张扬。低调有时也指隐藏自己的能力，不使其显示出来。公正地说，能做到低调的人，都是智慧之人。

人的性格不同，对低调或高调的行事偏好也不同。有的人天生喜欢众星捧月的感觉，喜欢被仰望，喜欢为人师，喜欢颐指气使。而有的人天生喜欢站在人后，喜欢沉默，喜欢淡泊。

中国人讲究中庸，这中庸之道就像打太极，你说它好就好，不好就不好，个中深味无穷尽也。

总的来说，做人还是低调一些好，太高调的人容易受到挫折，也容易成为他人的靶子。当然，具体情况还要具体分析。

很多低调的名人，有为、有位，却能审时度势，值得大家深思并学习。有个故事，大家细思一下：一些内地企业家去香港跟李嘉诚进行商务交流，他们到达酒店门口时，发现李嘉诚已在门口等候，还给他们发名片；跟他合影，站的位置要抽签，吃饭的位置也抽签；临走时，他与大家握手告别，每个人都要握到，包括站在边上的服务员。

李嘉诚对生活的态度可见一斑，难怪人家会成功。这种对人生的态度，以及与周围世界相处的周到做法，值得大家学习。

慧者之思，需要有放下的魄力。有些人却因对功名利禄的无限追求，主动走上不归路，这相当于玩火自焚。

面对纷纭世事，我们总会有所选择。人怎么走，不外乎是：生这个舞台、死这个结局，过程在自己。人如果能看开些，那就好多了，因为你就算拥有再多，离开世界的时候也带不走一草一木。

商界始祖范蠡辅助越国灭吴后归隐，最终靠做生意发家，世人称其为"陶朱公"。他为越国立下汗马功劳，却能在功成名就后全身而退，去过闲云野鹤的生活，这不是一般人能做到的——因为对名利看得重，很多人就被名利牵着鼻子走了。而能选择放下，这是人生智慧，也是范蠡令世人钦佩的高明之处。

还有的人口口声声说看得开，做的时候却口不对心，根本放不下对权、钱、色的痴迷。

高调是部分人的行事方式之一，比如炫富的人，再如拼爹的人，还有到哪里都喜欢显山露水的人。

事实可能是这样：人越没有什么，越想炫耀什么。像那些事业有成的人，反倒不介意别人看他的眼光了。而事业无成的人，因担心别人瞧不起而频频展翅，最后留下经不起考验的美丽。

越缺失的，越想拥有。这是人的通病。


低调做人，不代表没有骨气。夹着尾巴做人，则有些失去了做人的底气，有种巴结、讨好别人的味道，为人所不喜。而低调为人，不仅代表着一个人的城府，也是一个人能力、水平的自如伸缩。

像著名演员陈道明一直被人敬重，原因就是他有很深的文化底蕴，不会为了名利而失了做人的底线。虽然他在剧本里低过头，现实中，他是个铁骨铮铮的男子汉。当然，他能成为演艺界的常青树，也有他独特的个人魅力。

天生正直的人，幸福也会主动去接近他。而能忍胯下之辱的韩信，世人是怎么看待他的呢？是夹着尾巴做人的成功者吗？

这世界对成功的定义绝不是耀武扬威，而有些人从容地以低调言行的种子培育出了高贵的心灵之花。

生物学的真相是，夹着尾巴与不夹尾巴是狼和狗的区别。

狗的尾巴一直趾高气扬地翘着，走在大自然中非常容易被其他动物发现且攻击。狼为了不被其他动物发现，尾巴自然不会翘起来，而且夹着尾巴遮住自己的肛门部位，避免遭到同类攻击。

狗害怕的时候会把尾巴夹起来，就像人用手挡住脸一样。所以，"夹着尾巴做人"这句话是在告诉人们要低调行事，不要趾高气扬，给自己找麻烦。

殊不知，尾巴一翘，灾祸便到。聪明的人类从野兽的夹尾巴行为中受到了启发：原来夹着尾巴做人，可以更好地保护自己——它能让人在屈伸之间找到平衡的法宝。

事物的正、反两面总有值得我们学习的地方，现在有人对"夹着尾巴做人"的理解是：在与周围人交往的过程中，人们要有"如履薄冰"的谨慎态度，时时约束自己，力戒盲目、自满；要经常想象自己的弱点和短处，把态度放谦逊一些，且不可自视高明，向人摆臭架子。

这种做人的道理值得深思，但要有度，因为过犹不及——每个人都有自己的长板和短板，你无论有多么聪明都不可能十全十美。对于社会群体来说，个人只能算是小学生，应该"夹着尾巴做人"。所以，我们要活到老，学到老。

俗话说，"满招损，谦受益。"只有放下架子，认真接受和学习来自四面八方的知识，头脑才会日臻充实和丰富。

深思熟虑，就是要从正、反两方面考虑自己的行为会有怎样的

后果。如果翘着尾巴做人，目空一切，唯我独尊，那真是人生大忌，也是走向失败的开始。

不管怎么说，适当低调做人、做事，利大于弊。

## 11. 既然真相，不会因某些藻饰而被抹掉

无论真相多么残酷，我们都应秉持一颗不温不火的心来接纳它，这样才不失为一个成熟的人。

现实中，没有人拥有火眼金睛，看人看事能一看一个准儿。在这个复杂的世界里，道行浅的人很容易真假不辨。

如果能认清真相，不在自己勾勒的幻觉里前行，对现实有一定的警示或启迪，也算是人生的一种福分。可是，真相有时是被假相遮盖的，就像金子埋在土里一样，得见天日可能会在多年以后，或者没有重见天日的机会。

"眼见为实"也值得商榷。有些事情，即便在时间的大浪淘沙中也不可能浮出水面，这真是好坏参半了。所以，能够透过假相识得真

相的人，都是智者。

被假相蒙蔽双眼的更是大有人在，关于这方面的故事也是数不胜数。比如，娱乐行业时兴美容，因为有很多长得不怎么漂亮的人，通过美容变成了男神或女神，其后，他们的事业更上一层楼，令人咂舌。而原来的容貌，则成了没有解的过去。

通过美容带来的好处，让更多的人不惜花费金钱和承受痛苦，并且甘愿冒着生命危险铤而走险。

有人会在乎原生态吗？还是更介意美容后的面孔呢？至于真相，早已不重要了。通过颜值得到莫大的人生利益似乎也值了，各人对人生的理解不同，我们也不能要求大家的思想一致。


"假做真时真亦假"，信言不虚。有时候，真相如同《皇帝的新装》那个故事一样令人感到无奈：明明皇帝什么衣服都没穿，可是谁也不敢说破真相，于是大家都说假话，最后连皇帝自己都蒙圈了——直到那个天真的小男孩说出了真相。

这世间，讽刺的故事绝不只有这一个，只是现实中的人都选择了主观地视而不见——这还不算，有的人甚至睁着眼睛说瞎话。

为了真相而丧命的名人，最著名的莫过于意大利科学家、思想家、哲学家和文学家布鲁诺。他勇敢地捍卫和发展了哥白尼的"太阳中心说"，并把它传遍欧洲，因此被世人誉为反教会、反经院哲学的无畏战士，是捍卫真理的殉葬者。

布鲁诺由于批判经院哲学和神学，反对"地心说"，宣传"日心说"和宇宙观、宗教哲学，最后被捕入狱并被宗教裁判所判为"异端"，烧死在罗马鲜花广场。直到1992年，罗马教皇才为布鲁诺平反。

这就是"真金不怕火炼"的真实版本。

其实，有些真相会如明珠出土，有些真相则会被岁月掩埋。而对某些真相的认知，是一段必经的心路，需要时间为后盾。

这就如同古今歌咏的爱情。想当初，全是两情相悦，一日不见如隔三秋；真在一起了，往往会因琐碎小事而磨光对浪漫的憧憬——柴米油盐的世俗烟火与如诗如画的爱情，真经不起岁月的考验。

那些爱的誓言还在耳边，白头偕老也罢，百年好合也罢，执子之手也罢，死生契阔也罢，全在时间的长河里凝聚成了泛黄的黑白照，失去原本鲜艳的色彩。原因何在？

说的时候，那些甜言蜜语都是发自真心的情话；现实生活却像还原剂，生活本质最终令原本相爱的人不甘心地将爱情转化成亲情，其间百感杂陈谁又能说得清？

即使那留有传世名作的卓文君，不也在司马相如的爱情中迷失了自己，甘愿私奔，当垆卖酒吗？结果呢，爱情保鲜期一过，风流才子司马相如又移情别恋了。

不难想象，卓文君得知心爱的郎君有了新欢时的心情，于是她留下千古名作《白头吟》：

皑如山上雪，皎若云间月。闻君有两意，故来相决绝。今日斗酒会，明旦沟水头。躞蹀御沟上，沟水东西流。凄凄复凄凄，嫁娶不须啼。愿得一心人，白首不相离。竹竿何袅袅，鱼尾何簁簁！男儿重意气，何用钱刀为！

以诗明志，这个女人的性情可见一斑。而最终，司马相如总算悬崖勒马，没辜负卓文君对他的一片痴心。但是，这个爱情的小插曲，想必已经给卓文君留下了心理阴影。

原来，爱情和婚姻都靠不住，靠天靠地不如靠自己。这种悲哀是残酷了些，却是不争的事实。


生老病死是自然规律，但每个人都想长命百岁，有些人更想成仙，长生不老。其实，年龄只是个数字，也是不可更改的现实。生死是必然，没有生而不死的人，也没有永远不坏的物。天不老，情难绝，这是诗人的杜撰，也是他们心中的奢望，算是对情感的一种自我安慰吧。

哪个人不想长生不老呢？想归想，做人还是脚踏实地的好，要知道，生死不可违——唯心、唯物，心里有数，千万不要自己骗自己。

白云苍狗，世事参差。有些事在我们预料之外，所以我们会有遗憾，也有无奈，自然也会后悔——如果这样，那么……这是每个人最心仪的假设，可惜的是，根本没有如果，一切不可能重来。

有一个参加战争归来的美国士兵的故事，听起来蛮令人感慨的。当时，这个士兵从旧金山打电话给他的父母："爸、妈，我要回来了。可是我有个不情之请，我想带一个朋友跟我一起回家。"

父母回答："当然好啊！我们会很高兴地欢迎你们的。"

不过，士兵又说了："可是，有件事我想先告诉你们，那朋友在战争里受了重伤，少了一条胳膊和一条腿。现在他走投无路，我想请他回来和我们一起生活。"

父母说："儿子啊，你朋友遇到这种事情很遗憾，不过，或许我们可以帮他找个安身之处。你想啊，像他这样的残障人会对我们的生活造成很大的负担，我们还有自己的生活要过。我建议你先回家，然后忘了他，相信他会找到属于自己的一片天空。"

士兵沉默地挂了电话，从此销声匿迹了。

几天后，士兵的父母接到来自旧金山警察局的电话，说他们的儿子已经坠楼身亡了。警方相信，这只是单纯的自杀案件。

于是，他们伤心欲绝地飞往旧金山，并在警方带领之下到医院停尸间去辨认儿子的遗体。没错，那的确是他们的儿子，但让他们惊讶的是，儿子居然只有一条胳膊和一条腿。

这个故事告诉大家，我们不能戴着有色眼镜看别人，因为你不知道你真正会伤害到谁。但是，要做到宽大待人真的有难度。要是这对夫妻当初能猜测到事情的真相，怎么可能会拒绝照顾自己残疾的儿子呢？遗憾的是，人生没有后悔药。

只有洞悉真相，才能理智地选择该怎么做，才不会因某些假相而失去理智。无论真相多么残酷，我们都应秉持一颗不温不火的心来接纳它，这样才不失为一个成熟的人。

# 第三章
## 心灵的舵：转变动机，改变人格

## 1. 矛盾与统一，主客场思维

种种努力，其实只是为了做一件事：不要让自己在这时代洪流当中，落后于现阶段应该成为的自己。

世界是矛盾与统一相结合的，认识到这一点非常必要。

一个人不仅要有逻辑思维，还要有辨别是非的能力，这是他能在社会上生活得好一些的基本条件。

每个人都有多重思维能力，也都具有矛盾与统一的主、客场思维。人的思想不但可以有经纬，还可以有轻重，更可以有变化。意识不到这些，就不算是一个成功的人。

适当改变动机，也是人生不可或缺的大智慧。这能让自己处理好矛盾的主、客体，也是对思维和办事能力的挑战——想做一个强者，首先得有清晰的思路。这就牵引出主、客场思维的概念来。

主场思维，是从自我角度出发的思维方式，是以"我"为话语权的主体。客场思维，属于思想的腾笼换鸟，是从别人的角度考虑问题的思维方式，这在人际关系中非常重要。

写毛笔字讲究结构上的伸缩、避让，一笔一画都透着严谨的逻辑性。否则，一笔写错了，那还不像人的五官长错了位置，多滑稽、多可笑啊——试想，眉毛长在脸蛋上，嘴长在额头上，要多怪异就有多怪异。

人的思维也是这个理儿。原本应该这样做的事，你偏偏那样做了，和五官错位有什么区别？

聪明人会把自己的人生规划得体，不失雅致，也有个性。每个人的一生中，遇到各种事情的概率都不少，相互冲突、让人头痛的事情也有很多。矛盾是永恒的，冲突是客观存在的，怎样让矛盾成为互生互补的存在，大有玄机。

比如说，在理财方面，从增值心态调整到保值心态——也就是说，我们有钱了之后，该怎样去投资？"股神"也无法给你推荐一只神奇的只涨不跌的股票，或者给你一个方向，从思路上找到最佳的解。

低买高卖、冷静、管住手，这就是玩转股票的基本原理。道理谁都懂，操作起来却没几个人能合格。所以，赔钱的人多，赚钱的人少——别怪别人，要怪就先怪自己的贪心吧。

人生的得失都有个门槛，知其不可为而为之，怎可能有什么光明的出路？做人，如果轻易被人看穿，只能说明你没混出名堂，能做到宠辱不惊才算是社会里的"高人"。

同理，管理者的双重人格也是人生的瑰宝，值得借鉴——雷霆手段，菩萨心肠。

胡林翼曾送给晚年的曾国藩一副寿联："以雷霆手段，显菩萨心肠。"曾国藩阅后，百感交集，热泪盈眶。

"慈不带兵，义不行贾。"好人不见得是好的管理者，道理就是如此简单。只有敢得罪人、敢说真话、有为敢为的人，才是合格的管理者——也只有这样的人当领导，团队才会高速运转，业绩才能快速增长。

有人总结说，评判一个管理者的好坏，不必看民意测验，而是看业绩。是的，良好的干群关系和群众基础有助于管理者达到目的，但不是最终目标。

一个称职的经理人，就是要做出好业绩，对老板负责；一个称职的 CEO，就是要做高利润或股价，对股东负责。这才是职业素养，这才是商业逻辑。从某种意义上来说，经济利益最大化才是名副其实的人生赢家，这并不难理解。

考虑问题，如果能站在对方的角度去看，很多事就都能理解了。怕的是，你只以自己为主角，这样，不但朋友少，成功也会远离你。

这就像得与失的关系，虽是非常鲜明的矛盾体，但有些人会主动放弃一些眼前的利益，这属于放长线钓大鱼，为的是未来得到更多的利益。关于这一点，李嘉诚在教育子孙时给了我们最好的启示：做人的最高境界，就是做"仁慈的狮子"。

仁慈是本性，但单靠仁慈还无法成功——要有狮子的力量，才能赚钱养家，保护亲人，反抗欺压。如同饥饿的老虎，如果不猎食其他动物，怎么维持生命？这是大自然优胜劣汰法则的现实意义所在。

现实很残酷，理想很丰满。活出自我，这是在生存过程中不得不学的主场思维。我们每个人都或多或少有些自负或自卑，但由于每个人对待自负或自卑的方式不同，导致了各自人生的千差万别。只有经历过才会明白，这正应了"墨菲定律"道出的真正意义：你越是担心什么，越容易发生什么。

"我们终其一生，努力拼搏、坚忍不拔、结交好友、规划人生、提高格局……种种努力，其实只是为了做一件事：不要让自己在这时代洪流当中，落后于现阶段应该成为的自己。"如此，人生完美。

调整好主、客场思维，理智规划人生和事业会取得意想不到的成功。有人就以主场思维谋划全域旅游，后来取得了可喜的成绩。

运筹帷幄，让思维成为成功的基石，才能有序前进。比如，山东省济南市借势"互联网＋"思维，坚持顶层规划设计，持续打造主场优势，积极实施主场营销，激发市场主体活力，不断推进旅游综合改革进程，最终成效显著。

随着"泉城济南"的知名度和影响力不断提升，其作为旅游文化的吸引力越来越强了。要夯实主场优势，打造和发挥主场优势，就必须跳出旅游产业来做，跳出济南本市来做。这就突破了原有的产业发

展思维，树立了崭新的主场思维，从顶层设计到基层实践实施主动式、主体式的"旅游+"。

顶层设计得到强化，发展理念再次优化，主场模型逐渐清晰，济南市旅游业综合改革走上了快车道。

但是，济南市优质的旅游资源还没有完全发挥出应有的效益，城区旅游和乡村旅游两翼齐飞的格局还有很大潜力，发展旅游业不能单单靠投入、靠广告的刺激来消费。

所以，最根本的办法是向改革要动力，实施理念、体制、模式、环境等方面的改革，推动旅游业的创新发展。

为此，济南近几年一直在"补短"：一是大力发展城区旅游；二是推进乡村旅游提质发展；三是积极推动旅游商品开发。

强化主场营销是主场模式之一。营销，通常说的就是走出去。

树立了主场思维后，济南变外向营销为内、外双向营销，让外地旅游部门、旅游产品供应商、旅行社、各类社会活动组织者等都到济南来做展销，实现营销的叠加和衍生效应，不断放大主场营销效果，变"济南营销"为"营销济南"，这成为一种新的营销路径。

思路一变天地宽，主场营销的效果可以用惊喜不断来形容。

营销与宣传是旅游业发展的两把利器，而打造区域大磁场也不可或缺。如今，山东省经典的"山水圣人旅游线"也有了新内容，品牌影响力也越来越强，济南作为省会城市、经济圈的中心地位，将发挥更大的磁场吸引作用，做好游客集散，带动更多的城市集约化、链条式、共享型发展。

调剂主、客场思维，灵活运用，实在是受益无穷。

## 2. 思想先锋，创造型作家和白日梦

一个人为自己而活难能可贵，向生活和世俗挑战的勇气、把规矩踏成门槛的强悍，也是创造型作家想告诉世人的道理。

每一个领域的成功人士，都是有思想、有见地的智慧达人。他们以思想为原始积累，以远见抵达了才华、财富、名誉、事业等高峰，令众人仰望，原因就在于他们极富思想的创造性。

这方面的事例，可以说古往今来不胜枚举。

集团中的谋士，过去叫军师，他们都是思想先锋的杰出代表，而这两个字承载的就是排兵布阵的韬略和实力。这一拨人的实际身份，就是思想的先行者，通过审时度势，以先见之明取得本集团的利益。

可以说，每一个成功的政治家，除了本身具有睿智之外，还都有一群谋士。而阴谋、阳谋的运用与较量，则是智慧的拼杀——胜或败

往往就在一念之间。

生意也是思想开出的花朵，至于是开出漂亮的花还是丑陋的花，因人而异。做生意的人需要头脑灵活，有非常强的整合能力，还要有壮士断腕的魄力。

而做人，能够不着痕迹地示弱，把人生的损失降到最小化、利益提升到最大化，才不失为明智之举。

若是能做到以弱者之姿行敢言之态，利用周边的人对你的支持和爱护，轻易地动员他们跟着你，并且不动声色地避开那些不利因素，几个回合下来，自然会成为人生赢家。

人与人之间的好恶是可以改变的，因为思想起了作用后，可以指引行为转向。而交往的黄金法则是："以金相交，金耗则忘；以利相交，利尽则散；以势相交，势去则倾；以权相交，权失则弃；以情相交，情逝人伤；唯心相交，静心致远。"

人际交往也好，合伙做事也好，都应珍惜缘分，以善为念，学会感恩；以诚相待，以心相交！与高者为伍，与德者同行，必得善果！


所有成名的作家，都属于创造型的成功典范，他们是思想的奔跑者，是走在时代前面的人。这些以思想开山劈岭的作家，之所以成为文学界执牛耳的人，与他们的头脑是分不开的。

90后作家倪一宁就是个显著的例子。她的新书《赐我理由，再披甲上阵》中的语感和视野那叫一个好，读来令人眼前一亮，心情振奋。

作者心地慧黠，简直像极了《射雕英雄传》中的黄蓉，古灵精怪，才气逼人，却不失善良的底色。

暮年黄裳的文集，总给人以廉颇老矣之感，而腹有诗书气自华的倪一宁当仁不让地打马而来，而且势不可挡。

原本以为倪一宁这样小小年纪的女孩子，文章写得再好也有个底儿，没想到她的文字让人惊艳。即便作者是个没经历风吹雨打、家庭优越的女孩，即便她写的多是身边事，但字里行间流露出的犀利和霸气却讨人欢喜——在云淡风轻中，作者的才气一览无余。

你会发现，这些年轻人的写作真的是一种创新，贴近生活，亦庄亦谐。比如："世界刚虚晃一枪，你别掉头就跑""和生活的阴影面来一次对谈""清醒地看着世事旋转""愿你的内心同时拥有雀跃与安宁"。

这样的倪一宁，能把寻常写出滋味，能在平淡中挖掘出无厘头，很见本事。可见，创造型作家是社会的一个缩影，而"白日梦"在思想先锋中并非贬义，而是褒义。

人生的取舍是个多项选择题。做人，当然不能为了琐碎而波澜壮阔着，要善于给情绪以光明正大的名分，如同给自己一个沐浴阳光的理由。

一代人不可能拥有同一份性格简历，但彼此的互相渗透却客观存在。人生要有假想敌，也有不得不面对的潜规则，但年轻人还是不要把"谢谢你们曾经看轻我"挂在嘴边，因为它有适用的条件和背景，

不是万能的砥砺之词。

所有的付出，到了一定程度都有回报。有时候，姿态婉转地与现实接轨并不是占便宜，而是一种折中，一种不失棱角的妥协。

人想立足于世，首先要自己有本事，要有一技之长。否则，想要以情作为手段去争取成功，那不可能叩开人生机遇的大门。

情商，充其量只是身处某些场合时的润滑剂，想靠本事吃饭，还得有真本事才行。这一点，倒真是验证了这样一句话："卑鄙是卑鄙者的通行证，高尚是高尚者的墓志铭。"

东晋士大夫的风流倜傥，有宏大的历史背景做衬托，成为后人向往的人物。而当下的饮食男女，真有能力、有才情、有权势的毕竟是少数。但倪一宁的眼睛是具有杀伤力的，像 X 光透视那样，具有穿透力。

现实社会中，泥沙俱下是事实，当基数太小时，再微薄的利润都会变得可观起来。说到底，古时的规则由上层社会来定，事关贵族、士大夫阶层，普通百姓除了被约束之外，与制定者并无关系。

话说回来，这世上没人愿意往自己身上贴"势利"的标签，但你不得不承认，它是不争的事实。

能安然于平凡人的平常生活，不去打扰别人，这已然是种美德了。你还要记住，别以无聊之事遣有生之涯，也不要让一些没有意义的闲花野草阻挠通往梦想的路，并插手你的人生。

试问，我们对自己的言行是否全部满意？

文字的光芒淹没不了思想的内涵，思想先行的犀利与益处更令人惊喜。如："所有的感情都建筑在物质的基础上，可是，所有只建筑于物质基础的感情都不能长久。"语如春花，馥郁中带着强烈的动感，渲染出了欢乐。

一个人为自己而活难能可贵，向生活和世俗挑战的勇气、把规矩踏成门槛的强悍，也是创造型作家想告诉世人的道理。

决然放弃，给人生一个虚假的圆满，谁敢？谁不想成为一条闪着人性光辉的河流？

现实生活本不是思想先锋者想要的彼岸，于是，他们掉头往苦海里去。怎知世人眼中的苦海，才是这些创造型作家的福潭！

一个有思想的人，最大的好处是能于生活中有所思。做女神是需要提着一口气的，不能松懈，然而，打造女神不可能离开钱。要怎么洗掉一个人身上的铜臭味？办法之一，自然是用更多的钱去堆积——讨生活的人，怎么可能炼成女神呢？

兰心女子在物质的保驾护航中，才有机会接近于女神。但是，就算用钱堆出的女神也得接受规则的钳制，否则，便不会是女神。这也是女作家需要深谙的门道，如同盗亦有道。

思想是行动的潜动力。我笑着心想，人如何哄自己开心，如何以力量浇灌骄傲的花蕊，如何去摆脱季节的束缚，甚至如何能化蛹为蝶。真是千人千面，心思各不相同。

百人百性，并不雷同。大千世界中的我们，因为阅历越来越丰富，见证过太多的人情世故，总算知道了一个人如果付出的努力够多，他就配拥有更好的人生。前提是，一定要让思想当先锋。

## 3. 也说记性，遗忘的心理机制

人如果能将不幸的过去遗忘，那是幸运。形形色色的遗忘，如同神奇的魔术师装扮着人生。

生活并不是慈悲的，相反，很多时候它很残酷。

每个人的一生都不可能顺风顺水，一定会经历苦难。而这些苦难虽然说是人生的财富，但也是对人的一种考验——有些人能承受，有些人承受不了。

遗忘的心理机制属于命运的治愈系，无论是主动遗忘还是被动遗忘，很多时候都是对人生的减压，所以利大于弊。当然，把不想忘却的忘却了，那是遗憾。

对儿时的记忆，女性能记住的比男性更多，特别是情绪性记忆。

两种性别有相似的回忆动机、描述事件的能力，但女性会编码更多细节，而这些细节提供的线索会提高回忆的"成绩"。

有人会问，我们丢失的记忆是从大脑中永久删除了，还是存在大脑某个地方却无法读取了？

关于遗忘的原因，认知心理学认为，部分记忆是压在箱底了，虽然无法读取，但未删除；部分记忆则是由于生理等各种原因被完全或部分删除，所以真的遗忘了。

记忆是处理或提取人们所见、所闻、所想、所经之事的认知过程与认知架构。

我舅舅家的村子里有个因丈夫变心而疯掉的女人。某年，这个疯女人在镇里的集市上遇到我的母亲，她却清清楚楚地叫出了母亲的名字，还说了些少年时的往事。

事后，母亲跟我说，疯女人说的往事都是小时候她们一起经历过的。疯女人对成年的记忆因发病而全部失去了，但童年的故事却保留在了记忆深处。

少年时的记忆，隔了几十年还会记得特别清晰，就像发生在眼前一样。成年后的记忆，因为生活愈加庞杂而显得凌乱多了——淡忘成为生活的主题，我们也潜意识地进行了筛选，或保留，或删除。

就近发生的事情，因为时间短暂并由于近因效应，人们会频繁提取、重新修改、再提取，所以会被牢记；而年代久远的经历，则自动

由着主次而被过滤或留存了。

情绪性记忆的主动遗忘，指人们有意识地遗忘掉带有情绪色彩的记忆内容，但更多的是那些会带来痛苦的负面情绪性记忆。

主动遗忘，又分为定向遗忘和压抑遗忘。主动遗忘无关的、不必要的或痛苦的记忆，不仅能大大提高记忆系统的有效性，同时对于人们保持心理健康也有重要作用。令人遗憾的是，遗忘负面记忆比正常的遗忘困难得多——有些事情永生不会忘，有些事情却如过眼云烟。

无论是主观意愿的遗忘，还是被动的客观遗忘，都是记忆的缺失。这种情况属于定向遗忘。

日常生活中，我们经常会努力去遗忘让自己痛苦的记忆，这有利于我们保持健康的情绪状态和乐观的生活态度，使我们更加幸福。

人脑也有程序启动，也会产生故障，也有被激活的可能，这是件挺神奇的事。学过的知识，第二天就忘了，怎么办？每次新学的知识，到下次温习时就忘了，即使做了笔记可还是会忘，怎么办？

有的人羡慕学霸的好脑子，苦恼自己空有一颗学霸心，没有学霸命。现实情况是，只有脑子动了，才可以联系已知和未知的事情，你的脑子才会记得牢。

有个小技巧非常实用，可以用一句话来形容：用你自己的话概括它，找到记忆点，触类旁通。

身为学生，不是知识的生产者，只是知识的搬运工。所以，理解很重要，而不是死记硬背。但是，长时间学习对记忆也有影响，凡事过犹不及。

人如果能将不幸的过去遗忘，那是幸运。形形色色的遗忘，如同神奇的魔术师装扮着人生。

逆行性遗忘是指对过去记忆的遗忘，如婴儿期遗忘。顺行性遗忘是指阻止新近记忆的形成，但对过去的记忆保持完整。它影响外显记忆，即有关事实的记忆会自动进入意识，然后开始产生编码进行存储。

并非所有人都容易得老年痴呆症，据说，有较高语言技能的女人，比语言技能较差的女人得老年痴呆症的概率更低。可见，遗忘与心智也是相辅相成的。

令人惊奇的是，在适宜的内、外因共同作用下，涉及儿童时期的身体伤害或性伤害的记忆是可以恢复的。

## 4.屏蔽记忆，潜在的主观筛选

生活是个万花筒，如何屏蔽记忆进行主观筛选，也是门学问。外人说得再多，还要靠自己领悟。

有两只小猫是一奶同胞，一起玩耍，一起长大。有次，其中一只活泼的小猫不知怎么就跑到外面的马路上，出了车祸被撞死了。

剩下的这只小猫，在偌大的院子里成天凄凉地叫着，它在找伴儿呢。而且，它胆子一直特别小，晚上会害怕。这种胆怯，人类何尝没有？这只小猫的年纪正是爱找伙伴儿的时候，没了伴儿，它自然孤单、寂寞。

说起这事，主要是我想到了关于记忆的问题：要是猫也能屏蔽记忆该多好，这样就不会被不幸的事干扰内心的平静，就会少些悲伤。

一些电视剧中常见的桥段是，某人失忆了，而且只忘却了一段时间的往事。这种现象就是屏蔽记忆。如果一个人能主动选择生活，选择记忆，那将是最可意的人生。可惜，这并不能够实现。

　　但是，屏蔽记忆却是人生的一种幸运。它是将一部分不幸的往事主动过滤掉，从脑海里抹去，留下的自然是幸福的记忆。它与暂歇性失忆不同，这并不是谁都能做到的。

　　望而不达，期而不至，是人生的主旋律。

　　人类社会发展到一定程度，科技水平足够强大，就能主动地进行记忆的取舍——不愉快的就屏蔽，开心的就留存。而且，还能像电脑一样可以选择永久保存或删除，完全由本人自主决定，这该多么幸福啊！

　　"记忆屏蔽"的意思是说，人类在遇到不想面对的记忆时，大脑会自动地屏蔽它们。也可以说，这是选择性失忆。

　　一种较为普遍的现象是，一个人对童年时发生的与某种重大的或伤害性事件的相关记忆，一般无法屏蔽掉。因为这种事与情感的关联非常固执，所以，可能会长期地保留在记忆中。

　　人生如戏，记忆屏蔽如戏法。它虽然具有不可预知性，但它本身的发生是因个体受到了刺激，于是生出拦截记忆码。这种情形并不有趣，相反，它能侵蚀身体的健康。

　　电影《拦截记忆码》中有一个情节：故事发生在未来时空，男主角是一个采矿工人，一次偶然的机会，他参加了记忆码公司提供的记忆旅行。

　　这是人类最新的科技发明，开启旅行后，他会在睡梦中经历未知

的冒险。虽然这些都是记忆码公司制造的幻觉，但是，由于这些冒险情节将现实和梦境衔接得很好，让人感到很真实，男主角一度分不清哪些记忆是真实的，哪些记忆是虚构的。

在梦境里，男主角以特工的身份与独裁者斗智斗勇，最终打败了独裁者，从梦境中醒了过来。可就在这时，他梦境里的妻子居然出现在现实生活中，并且想杀了他。于是，男主角陷入了错乱的记忆困境。

那么，可以预见的是，将来科学发达到一定程度，清除某个人的部分记忆或者屏蔽它，也不是不可能的。

康复身体是易事，修复心灵却是难事。有一句话说得好：时间是心灵最好的解药。此外，想要从过去的阴影里走出来，也可尝试转移注意力——试着让自己忙碌起来，如果没有空闲时间去天马行空地乱想，也就不会有思想的藩篱来增添烦恼了。


屏蔽记忆与有意遗忘还是有区别的。生而为人，我们的心灵是个有限的容器——生活有太多的风霜雨雪，面对不幸无法承担时，我们可以有意地选择遗忘，这样轻装上阵就会少些负荷和桎梏。

举个例子来说，当家里的东西太多时，需要清除一些才能倒腾出空间来。人的记忆也是如此，无用的信息完全可以有意遗忘，也可以选择屏蔽——只要对人生有益，何乐而不为呢？

主动与被动是人生的两个对立面，屏蔽记忆，显然被动成分居多。被屏蔽的记忆有可能会永远尘封，也可能在未来的某一天忽然被唤醒。

相信很多人都看过关于失忆的影视剧，因为一个突发事件，主人公失忆了，过了很久才恢复记忆。这种情况确实存在，尤其在生活中面对与亲人或爱人的生离死别，很多人都会受到影响。而椎心的痛一旦萦绕心头，会成为毕生之殇。

试想，用生命去爱的人某一天离开了这个世界，我们一下子能接受这种事实吗？明知生死不可掌控，可是我们真的能立刻释怀吗？接受现实与心里失意的巨大落差，有可能会成为一生的伤疤。

不相关的人就算有过伤害，时过境迁后也能渐渐忘掉。那些细微的伤口，着实是可有可无的，所以，不如让它随风而逝给自己减压。

大脑会自动筛选记忆，但对一些负面的事情也会记得比较深。你要学会保存记忆中的重点部分，常温习一些熟悉的人或事，会令我们加深记忆，使其不被遗忘；有些云淡风轻的往事，则会因为并不重要而被淡化。

想积极的事，不想消极的事，这是乐观之人的行事之法。反之，悲观的人遇到好事也不会有好心情。境由心造，非常奇妙的感受。要是换个角度考虑问题，或者能够做到愈挫愈勇，就不需要屏蔽记忆了。

每个人的心理抗压能力是不同的，要是选择用时间冲淡回忆带来的伤害还解决不了问题，找心理医生咨询也是可行的方法；或者试试催眠法，看能不能屏蔽掉一部分自己不想拥有的记忆。

若时间也无能为力，不能让人忘掉不快，那怎么办？随着科学的不断进步，人的想法愈来愈千奇百怪，令人叹为观止。更有甚者，在研究怎样才能让人失去一部分记忆，这当然需要科学的方法。

有人说脑细胞移除可令人失去一部分记忆，但这种方法的弊端是，不知哪一部分脑细胞具体分管哪一部分记忆，要是不该移除的记忆移除了，该移除的没有移除，反倒不妥。

科学在进步，相信终有那么一天，记忆的保留或遗忘可以主动筛选。比如，选择性失忆就是屏蔽部分记忆，用激光秒杀一部分脑细胞。这被秒杀的部分，成为人生中再也不会被记起的记忆——果真能做到这样，想想都新鲜。

删除部分记忆已成为可能，但也存在风险，真是机遇与风险并存。目前，国外有些科学家正在做灰鼠的相关研究，他们已经可以利用脑部手术删除记忆，让灰鼠忘记在实验中受到的痛苦，并且乐在其中。

生活是个万花筒，如何屏蔽记忆进行主观筛选，也是门学问。外人说得再多，还要靠自己领悟。

我们要做一个乐观、开朗、大方的人，在善待别人的同时也要善待自己，别动不动就跟自己较劲，自己为难自己。快快乐乐地生活，当有一天你发现自己没什么记忆需要屏蔽的时候，就是最好的自己了。

## 5. 放飞的心，"野蛮"精神分析

现实是，人们为了追求精神上的自由敢于怀疑一切，于是打破常规、打破秩序、打破规则。

人无束缚的时候，思想最活跃，最有创造力。当精神野性遇上物质文明……先抛个假设的饵，至于后果嘛，当成抖包袱好了。欲知后事如何，请看下文。

"野蛮"精神分析，是弗洛伊德的思想成果之一。一切"野"的思想和"野"的行为，都有种与生俱来的魅力——病态美。这说法其实站不住脚，但有它存在的深意。

在这里，引用一下弗洛伊德著作里的故事：

多日之前，一位中年女子找我咨询，并诉说了她的焦虑状态。她在 45～50 岁之间，保养得相当好，她产生焦虑的诱因是与上一任丈夫的离婚。但是，根据她的解释，她在咨询了一名医生后这种焦虑急剧增加，因为对方告诉她，她焦虑的原因是缺乏性满足。

从那时起，她就确信自己无法被治愈了，因为她不能回到丈夫身边。同时，找个情人或者自慰也是令人反感的。

故事虽到此没有结束，但意思已经表述清楚了。

精神分析提供明确的规则来取代难以确定的因素，且被当成某种特殊天赋的"医学识别力"。因此，对于一名医生来说，只知道精神分析的一些研究结果是不够的，他还必须熟悉诊疗技术。

轻信而妄下结论是当医生的大忌，要以自己所见所闻为依据，这与中国古代中医讲究的"望、闻、问、切"一致。病人所言是病人所言，医生要有自己的观点，这才算是合格的医生。

事实上，"野蛮"分析家对病因诊断失误，要远大于疾病对病人身体的损害，不当的治疗方法会使病人的情况恶化。

倘若一个人的心似大鹏扶摇直上九万里，这种"野"的嚣张是令人兴奋和愉悦的，也是值得推崇的人生境界。现实情况却是，精神野性的发展理应自由，物质文明的发展也应该有相当高程度的精神文明来支持。

对于孩子的教育，有圈养和散养之分。散养会形成"野"性，这也是给孩子最好的人生礼物。可惜，中国式家长根本不屑认同这种观念。"野孩子""野种""野花""野草"……但凡与"野"字沾边的，我们向来都不喜。而遵规守矩则是我们骨子里默认的，哪怕明知其弊，也不妨碍对世俗的接纳和对"野性"的拒绝。

现实是，人们为了追求精神上的自由敢于怀疑一切，于是打破常规、打破秩序、打破规则。精神野性的发展，往往会推动物质世界的发展，正是由于不受束缚才会有所创造。

世间万物相生相克委实很有道理。尼采算是一个狂人，他精神上的野性已经走在了那个时代物质文明的前面，于是，他不被人们所接受，但后人却对他推崇备至。

"水至清则无鱼，人至察则无徒。"相反，与这个社会格格不入会显得曲高和寡。可笑的是，精神上的自由者不但能耐住孤独，还能因精神文明先于物质文明最终得到公正的评价。

人之"野"是创造的前提，对比来看，循规蹈矩不会有可喜的创造。思想的闪光点突现在"野"的基础之上，给思想驰骋的空间，新意也会不期而现。限制、呆板，都不是创造的土壤。

当然，精神野性不等于野蛮，也应该有它的底线。精神野性与物质文明只有相互制约，才能防止社会陷入尴尬或动荡的境地。

物质文明与精神野性并不相悖相克，而是相辅相成。表面上看，物质文明需要以文化为底蕴，但文化的积淀却是在"野性"基础之上产生的。有时候，"野蛮文化"更有味道。

大多数人比较青睐于物质文明与精神文明的构建，而对那种精神野性则抱着打压的决心，像封建社会的婆婆给媳妇立规矩一般。但是，物质文明需要精神文明的指引，否则，精神的野性将把物质文明引向歧途。

《聊斋》故事中，我对《婴宁》一篇印象极深。婴宁这个野姑娘兰心惠质，率性天真，爱笑，非常讨人喜欢，却不为俗世所容。现实生活中，这种情况时有发生。

物质文明与精神野性的矛盾，是一个人所共知的问题。

从古至今，我们的野性始终未能完全消除，精神野性也是如此。若每个人都像庄子那样无欲无求，逍遥自得，估计社会马上就得退回到农耕时代。精神野性直接推动了人类社会的发展，于是，"野"出了四大文明古国，"野"出了丝绸之路。

物质文明与精神野性如何调和，这个问题体系庞大，恐怕是所有社会学者应该埋头深思的疑症吧？要把两种势同水火的东西调和，而又不损伤任何一方，确实难以做到。

野性也是动物在自然界中争取统治地位的"王道"。在动物王国中，无论是狮子还是老虎，都是靠强者的武力称霸——弱肉强食在这里没有贬义，而是生存法则。

这种"野"性至上的简单生存秩序，从某种程度上说，与人类的原始阶段并无区别。只是，后来人类进化得越来越高级，产生了文明，野性被控制住了。即：先精神后物质，先野性后文明。

## 6. 心口一否, 内在与外在的合辙或背离

大千世界, 无奇不有。你的经历与眼界肯定存在局限, 哪怕你遇到了很多口不对心的人, 也不要对这个世界绝望。

忽然失笑, 因为想到爱情上来了。据说, 恋爱中的女人都爱说反话, 比如明明心里乐意, 嘴上偏说讨厌。这是经过调查得出的结论, 有说服力, 不是空穴来风。

那么, 为什么恋爱中的女人动不动就"口是心非"呢?

口不对心, 是很多人都经历过的情况, 有些是因为身不由己, 有些则是刻意为之——心里明明这样想, 嘴里偏偏那样说。这如果不是为了害人, 还算好的; 倘若害人, 那就是口蜜腹剑, 这种人太可怕了。

内在与外在能够统一的人并不多, 人一般都有双面性格, 只是体现得不明显而已。

齐桓公去找管仲, 请教国家的未来发展之路。管仲要齐桓公远离

三个人：易牙、卫开方、竖刁。

其实，这三人对齐桓公可谓忠心耿耿，甚至恩重如山。易牙把自己儿子杀了，做成红烧肉给齐桓公吃；卫开方说，自己的妻儿与齐桓公相比，就是粪土；竖刁自愿做太监来宫中伺候齐桓公。

管仲说："人性都是自私的，首先是爱自己的妻儿，然后是爱自己的父母。易牙连自己的儿子都能杀，何况对别人？卫开方连自己的妻儿都肯抛弃，何况对别人？竖刁对自己都能下狠手进行阉割，何况对别人？"

人爱自己胜过爱别人，这是天性。如果有人爱别人胜过爱自己，那就是伪心，就是违背天性，不近人情。对不近人情的人，要离他远点，因为一个人没有了性情就跟禽兽无异，可是什么事都做得出来的。

果不其然。后来，齐桓公生病在床，无可救药时，这三个平时高风亮节的大臣发现效忠已不能给自己带来利益，立即锁闭宫门活活饿死了齐恒公。

史上还有一个杀妻求将的人，他就是吴起。试问，一个人要狠心到何种地步，才会对亲人做出这种事来？

现在，你看出门道来没有？请注意你身边不近人情的人，尽量远离他，因为这样的人心里没有亲情、友情、爱情可言，利益才是他最大化的价值取向，其他的则皆可抛弃。

说和做，经常南辕北辙，这是人的劣根性。心口不一在恋爱中的女人身上表现得虽明显，但还算有趣。

明明心里欢喜，嘴上却说讨厌。这种并无恶意的心口不一，有撒娇的成分，也是因为爱而表现出来的小可爱，无伤大雅，增添情趣。

现实生活和工作中，心口不一的人太多了，比如嘴里说着好听的话，心里却想着动刀子。这才是让人憎恶的狠角色，原因正在于，这种人令人防不胜防。

大千世界，无奇不有。你的经历与眼界肯定存在局限，哪怕你遇到了很多口不对心的人，也不要对这个世界绝望。这世界就像一个大花园，里面生长着牡丹、玫瑰，当然也有野草。人的一生，难道不也是如此吗？

作家渡渡写了一本书，书名叫《不是世界不好，是你见得太少》，读着挺有味道的。

"我也不止一次地埋怨过老天，以前觉得老天对我不公平，让我经历了很多奇怪的磨难，不开心的事情。现在我终于明白为什么了，因为它把最好的留给了我。"这话是渡渡引用来的，其中深意确实能引人共鸣。

这本书表达了一个主题思想，那就是：世界很大，我们不能一叶障目，不见泰山。

对我们来说，阅历和思想同等重要。或者说得直白些，就是读万卷书与行万里路同样重要，不可偏离任何一方，不可顾此失彼——就像天平，两端的砝码同重方能持平，否则就会倾斜。

人生的很多取舍也是如此。看到言行不一的人，也别恶心，避开就是了。请记住：你没见过的事情，不代表就没发生过；你没吃过的美味，不代表就没有……很多事情，你都不一定能经历过，所以别做吃不到葡萄就说葡萄酸的小狐狸。

诚如渡渡所言，不想与你做一个相对无言的朋友，却想做那个最能让你说心里话的陌生人。这话其实也能让人受益，是教不会生活的人怎样生活才会更舒服。

言行相悖，有时也是由于情非得已。如果一个人心眼小，偏还得了癌症，你要是实情相告，那跟杀了他没什么两样；用善意的谎言告诉他没什么大病，过些日子就好了，这样反倒合适。这样做无可厚非，也是正常思维、理性行为。

职场中，重头戏实在太多了，形形色色的领导与员工演绎着不同版本的故事，有些故事的启发性是值得我们走心的。

有家企业调来一位新领导，据说是个能人，专门派来整顿业务的。但他来了半年，成天闷在办公室不出来，毫无作为。这下，员工中的若干"妖精"都憋不住了，纷纷原形毕露。

就在真正努力的员工为新领导感到失望时，新领导却发威了：怠工分子一律开除，能干的人晋升。断事之准，下手之快，与半年来表现保守的他，简直判若两人。

原来，这是新领导故意卖的一个关子——不如此，怎能发现怠工分子呢？这正是一个领导知人、识人的过程。

然后，新领导给大家讲了个故事。他说，他有位朋友买了栋带院子的大宅，一搬进去就将院里的杂草、杂树一律清除，改种自己新买的花卉。某日，原先的屋主来访，进门后大吃一惊，问："那些最名贵的牡丹哪里去了？"

如果把单位比为花园，员工就是其间的草木，所有草木不可能一年到头都开花结果，只有经过长期观察才会发现优劣。

所以，别急着对一个人下结论，因为短暂的相处不能让你了解一个人，而一个错误的判断可能会让你失去一个好帮手、好朋友。

这位领导就是个严重的"言行不一"高手，他用沉默抵达了无为而为，用时间的大浪淘沙留下了黄金，剔除了糟粕。这是做人心口不一的一种境界：无为而治，然后看准时机，当机立断。

留个舞台给每个人去表演，生旦净末丑都会露出本来面目。

## 7. 三心二意，性格犹豫会与成功擦肩而过

做人千万不要三心二意，要自己有主见，有为、有位不是空口白牙说的，精粹在于行事。

虽然说百人百性，是先天的或后天的都有情可原，但现实生活中，雷厉风行者成功的概率更大、更多。原因不外乎：机不可失，时不再来。就怕在你犹豫的那几秒，机会就已经翻篇儿了。

这世界就是如此，命运不会那么好心地把什么好事一直给你留着，也不会有什么人真的会因为爱你而一直在原地等你。错过时间，错过机遇，一切就都错过了。

做人千万不要三心二意，要自己有主见，有为、有位不是空口白牙说的，精粹在于行事。《小猫钓鱼》的故事，我们从小就学过了，总结出来的经验就是：做事不能见异思迁，切忌有始无终，持之以恒才是人生成功的底蕴。

时不我待，这是前人总结的金玉良言。没有任何人、任何事会永远在一个地方无怨无悔地等着你，就算你真的又回到故地，一切也都与当年不同了。

有这样一个故事，说的是有个农夫吃完早饭后，告诉妻子他要去耕田了。当他走到田边时，却发现耕耘机没有油了。原本他打算立刻去加油，突然想到家里的几头猪还没有喂，于是转身回家了。

经过仓库时，农夫看见旁边有一袋子马铃薯，他想起田里的马铃薯可能要发芽，于是走向田间准备收了；途中经过木材堆，他又记起家中需要一些柴火；正当他要去取柴火的时候，又看见一只生病的鸡躺在地上……

这样来来回回跑了几趟，这个农夫从早上一直到夕阳西下，油没有加上，猪也没有喂，马铃薯也没有收成，最后什么事也没有做好。

人的精力有限，面对诸多事情需择其重要者而为之——哪件事必须做，就先把这件事做完再去做其他事。在生活中，我们如何远离无用社交，其实很有必要，也是一种智慧。

现实生活中，有很多因为不专心做事而一无所成的故事，比如《学弈》。

弈秋是全国最会下棋的人，他平日里在教两个徒弟下棋。其中一个徒弟专心致志，认真听着弈秋的教导；而另一个徒弟虽然在听课，可他心里总以为有天鹅要飞过来，想拿弓箭去射它——这样，他虽然同师兄在一起学习，却学得不如人家。

这能说是小徒弟的聪明才智不如师兄吗？当然不是。而是因为在学习下棋的过程中，他不肯用心，没有做到心无旁骛，所以学艺不精。

脚上的水泡是自己走出来的，不应该羡慕、嫉妒别人，因为你没有看到别人在背后付出的汗水与努力。所以，凭什么就看不得人家的成绩？如果你能脚踏实地去努力，也会取得成绩，想要不劳而获却是痴人说梦。

如果做事三心二意，却没触碰到生活的底线，那还有情可原；但若因三心二意使生活变得非常不堪，甚至受到严重的影响，那就值得商榷了。

人是要为自己的优柔寡断买单的。你做了什么，命运就会给予你什么——投机取巧不可能一劳永逸，天道酬勤才是真理。

主见是高手必备的素质。否则，张三说了你信，李四说了你也信，一会儿东一会儿西，那你还能做成什么？

遇事举棋不定的人，根本当不成好领导，这也是人格魅力的标签。像秦王李世民，如果他当年不狠下心来当机立断发动"玄武门之变"，他能登上皇帝的宝座吗？

自然界遵循优胜劣汰，人类生存其中，不能例外——在生死面前，不是鱼死就是网破，没有第三条路可走。所以，记住了，无论做什么，既然选择了就要落子无悔，因为世间没有后悔药卖。

像当下有些女孩的择偶标准，对方的才华却是无关紧要，高富帅成为首选，缺其一，对其婚姻都会大打折扣。

有的女孩，找对象的时候前怕狼后怕虎；还有的女孩，想法太完美，要找就一定要找个"四眼齐"。殊不知，四眼齐太难得了，三眼或是两眼齐就不错了；而那些只向钱看齐的女孩子，得到幸福婚姻的概率也不会高。

婚姻在于经营，没有什么绝对定论，幸与不幸也不是天生的。

爱一个人要不失理性，爱对方的优点，也要接纳对方的缺点。既然选择了就不要犹豫，不要劈腿，否则，爱也是有时限的，会一闪而逝——备胎没留成不说，到最后什么都没有了，那才叫损失。

做生意也忌讳三心二意，缺乏判断力。一般来说，新兴行业往往不被人看好，其实，做人应该懂得利益与风险共存——没有冒险，永远不会有大利益。这不是要我们盲目地从事当下流行的产业，而是要深入分析，把握时机，然后果断出手。

别人做时，你看着；别人赚钱时，你动心；别人退出时，你进入。倘若你走的是这个节奏，怎么可能挣到钱呢？股票也是如此，人家都赚得钵满盆满了，你还犹豫着要不要进场，最后赔了也没人同情。

做事一定要有魄力，哪怕是赔了也要有理智，有壮士断腕的勇气。别急，千万别说你天生就是个优柔寡断的主儿，因为在生活中当有人可依赖时，谁都是能靠则靠。这是人的通病。

两个人在一起，能力强的必然操心，能力弱的自然就省心。夫妻、

朋友、家人、合作伙伴等，都是如此。

一开始，两个人谁都想说上几句，想说话算话。结果呢，听你的，一件事办下来什么都一团糟；还听你的，第二件事办下来还是一团糟——一而再，再而三，谁还能听你的呢？

能力不是说出来的，真正有本事的人，不用说也能鹤立鸡群、木秀于林。犹豫，可以说是做大事的大忌。胆大心细，该放手时放手，该收就收，收放自如，想不成功都难。

阅历或者历练都是人生的风景，苦难与幸福也是人生的佐料。只要不三心二意，全心全意做一件事、爱一个人，这一生哪怕没什么大成就，也不会有什么大的闪失。

要是瞻前顾后，前怕狼后怕虎，墙头草样随风倒，那要能成功可就怪了——结局只能是，因犹豫不决而与成功擦肩而过。

## 8. 温不增华，寒不改弃

你千万不要对生活妥协，这能让你有更多的勇气和力气保护自己所喜欢的人和物，让你做到对一切力所能及。更重要的是，努力才会少些遗憾，才会不辜负自己。

"风雨的街头，招牌能够挂多久？爱过的老歌，你能记得的有几首？交过的朋友，在你生命中，知心的人有几个……"一首老歌萦绕心头，温润了季节和人生，也勾勒出一幅温馨的画面。试问，你有几个肝胆相照的真心朋友？

C君现任某上市公司老总。有一次，他在闲聊时说起自己的故事。当年，因为工作上的某件事情没做好，领导说要给他处分。他当时年轻，很上火，还嫌丢人。

这时，平日跟前身后的那些朋友和同事全都散了，没一个人来安慰他。这让他心里结了冰，也深刻认识了人性。

他笑着回忆说："后来，我终于咸鱼翻身了。在我不如意时，始

终与我做朋友的人，我都推心置腹地交往着。而那些曾经刻意疏远我，看我又上位后重新跑到眼前来巴结我的人，经历过人情冷暖的我再懒得与他们周旋了。"

做人的操守与一个人的德行有关。宠辱不惊是对个人而言的人生境界，对他人而言，能做到温不增华还算容易，而做到寒不改弃就难了。而从大我而言，从国家而言，寒不改弃的另一种说法就是：信仰不因境遇好坏而更改。

温不增华，其实是说做人不要锦上添花；寒不改弃，是说做人最好能雪中送炭。这种人，你一生中能遇上一两个就很不错了。古话说，夫妻本是同林鸟，大难临头各自飞。事实上，有很多夫妻能同甘共苦，他们实践了"夫妻同心，其利断金"的信誓。

有些人则不同，他们是随风倒的墙头草，喜欢见风使舵，没有自己的思想，只有随波逐流、随遇而安的所谓入世姿态。还有那些虚荣心太强的人、寡情薄情的人、在他人得势时凑上前去想分些实惠的人……都令人不齿。

从人性上来讲，《红楼梦》中的鸳鸯倒是个温不增华、寒不改弃的丫头，可惜，她最后成了一个悲剧人物。

人这一生，所有需要处理的人际关系中都藏着玄机——或许，你一生都没机会遇到一个能与自己灵魂相契的人；或许，你掏心掏肺对人家好，一转身，那人就会给你下绊子……

真正对你好的人，在你困难的时候会一边数落你，一边尽其所能地帮助你。这样的人，有父母，还有夫妻，偶尔有朋友。

企业家曹德旺就是个令人尊敬的人。原因不外乎，他大富之后非但不弃糟糠之妻，还把家中所有财政大权交给这个没多少文化的女人掌管。他们夫妻之间结下的亲情，贯穿了一生。

其实，曹德旺在大富之后曾遇到一个精神上的红颜知己，但他还是果断地斩断了情丝，回归到了家庭之中。这是一般男子做不到的，堪称"壮举"。因为，升官、发财、换老婆是一些已婚男人所认为的"三大喜事"。

而曹德旺不是这样的人。他始终记得，在自己最艰难的时候是妻子陪在他身边，也记得那些交织着往昔的素素清欢。富不忘本必须有一定的定力，这是人的"品"，也是曹德旺的可贵之处。

他的妻子是幸运的，遇到了这样一个有责任感的男人。在所有外人都觉得他们不般配的时候，男人依旧爱着风华不再的她，不离不弃。这就像当今的一句流行语：你若不离不弃，我必生死相依。

奋斗过的时光，都是岁月的恩赐，也是成功的必经之路。而不奋斗的人呢？你还怨那些因奋斗而成功的人吗？他对你的感情真的没变，只是在一起没有共同话题，也没有共同理想，更没有共同未来——有的，只是共同的过去。


十年树木，百年树人。社会要发展，首先是教育先行，它是社会

风气的根源。尽管每个人都受过教育，但人的素养却高低不一——从头到尾干练、清爽，这种英姿勃发的气质显山露水，不是嚣张，而是修炼到了一定程度的境界。

我们都知道生活难，但富裕能有幸福的生活，贫穷也可以拥有幸福的生活。年轻时不计较这些，年长后就不然了——成年人尤其是老年人，喜欢现世安稳，岁月静好。

无论社会怎样变迁，从少年到中年，从物质到现实，我们应该力求做一个温不增华、寒不改弃的温暖之人，而不是一身戾气的人。

哼着小曲走下坡路与低头吃力地走上坡路，本质是一样的，只是情绪不同而已。想清楚这一点，穷富真的什么都不是，只是浮云。对于健康之外的那些纷扰，也就大而化小，小而化无了。

有没有必要拆穿生活施加在某些人身上的小把戏？没必要。一个人的城府，一个人的心智，体现了他与这个世界的融合度——修到一定程度，自然会宠辱不惊，哪怕有不幸之事发生也能沉着面对，哪怕有值得开怀的好事到来也不会得意忘形。

无论是少年还是老年，无论是爱情还是友情，任何时候都不要小看自己，更不要高看自己——你没那么脆弱，也没那么伟大。

明朝早期的反腐很严格，风暴迭起，彼时就有很多官员落马。即使在这样的社会大环境下，还是有很多基层的地方官员触碰了红线。

当时，一个县令因贪污而将被杀头。临死前，他涕泪横流，仔细回顾了自己这些年来的心路历程。也只有到这个时候，他才彻底后悔自己这些年来走的歧路。

他忏悔说：谁让你没有原则来着？谁让你总想着吃香的、喝辣的来着？他还说，他这一死，就相当于亲手杀了父母一样。

他的忏悔是发自内心的，可惜晚了。早知今日，何必当初呢！

要想过更好的生活，需要一种理念，那就是：温不增华，寒不改弃；而更好的生活，需要一种负责的态度来实现，而不是幻想。

在这个世界上，不如意事十常八九，所以要努力提升自己，不被外界种种因素左右心情，小事糊涂，大事清楚，不为难自己也不放纵自己。做到这个份上，才有机会与幸福谈条件，让幸福为你转身。

人的幸福指数，不在于取得多大的成就，只要能在往后的平凡日子里活得比原来的自己更好就行了。

你千万不要对生活妥协，这能让你有更多的勇气和力气保护自己所喜欢的人和物，让你做到对一切力所能及。更重要的是，努力才会少些遗憾，才会不辜负自己。

## 9. 梦的解析，梦是愿望的延伸

我们每一个人都会做梦，它是人类最普通、普遍的精神现象之一，也是一种极其神秘的精神现象。

梦是心中所想，也可以说，梦由心生。梦是一个人心理状态的一种反映，很有可能是平时在脑海中过滤掉的事，哪怕是潜意识的。这就是大家所说的"日有所思，夜有所梦"。

梦是生活的诗意延伸，好梦、噩梦都是记忆的一部分。实现梦想或因梦想而奋斗的人，都是值得钦佩的。

夜是梦想滋生的土壤。女人的梦想，多以爱情为主，一生最看重婚姻梦。

朋友打来电话，拖着哭腔诉说她的不如意，说她男朋友不舍得给她钱花，还处处防备着她。

我顿时失语，不肯安慰她。原因不外乎，对这种情况，我曾跟她说过 N 次了，可她自己没骨气，不肯离开那个并不爱她的男人。那你还哭什么呢？哭有用吗？

她依旧执着地跟我请教计谋，我冷声告诉她要"为稻粱谋"——既然现实都这样了，维持下去还有什么意思呢？一个连钱都不肯给你花的男人，你还期待他能给你爱吗？

春秋大梦真长，姑娘啊，你要怎样才能醒来？被伤害了依旧有梦，这是为什么？有些梦可以依赖男人给，有些梦注定要自己去争取。

人生所有的坚强都必须付出代价，没有代价，很少能称心如意——这世界偶尔还是挺讲究的，虽然大多时候是见利忘义、没有原则的。我觉着吧，一个人只有真正能适应自己看不惯的生活，才叫成熟。否则，什么都不算。

女汉子虽不符合女人的本性，可是你得看清这个世界——当世界并不给你希望，也不给你依赖时，你还能依靠什么呢？做个女汉子，至少比做个看人脸色的小女人强——只要你肯面对，就能抵得过岁月的风霜雨雪。

有本事把梦想变成现实，这是令人钦佩的。如果想让人瞧得起，就傲然垫起生活的高山，会当凌绝顶——除了自己，谁能给你幸福？别让人瞧不起，好吗？

这世界上不是只有你一个人不如意，每个人都有各自的不如意，比你更悲惨的人有的是。哭啥？抓住梦想的影子，追梦去吧！

那么，我们做梦与现实有关联吗？梦到底是什么？是生活的预兆，还是迷信？如何科学地解释梦，成为人们需要解决的一个问题。

中国有本古书叫《周公解梦》，很多人都喜欢在做梦后去翻翻它。梦是心头所想，很多时候，我们的梦确实与现实中的思考有关。

齐瓦勃是美国早期工业企业家，曾任卡内基公司、美国钢铁公司的总经理，后来又创办了伯利恒钢铁公司，成为美国钢铁的大生产商之一。

齐瓦勃出生在美国乡村，因家里穷只受过很短的学校教育。15 岁时，他到一个山村做马夫，18 岁时来到"钢铁大王"卡内基的一个建筑工地打工。他一面默默地积累着工作经验，一面在打工之余自学建筑知识。终于，他得到了领导的赏识。

在齐瓦勃看来，打工不单纯是为了赚钱，更是在为自己的梦想打工，为自己的远大前途打工。他要使自己的工作所产生的价值远远超过薪水，只有这样，他才能得到机遇，得到重用。

就这样，25 岁的齐瓦勃做了这家钢铁公司的总经理，承担起建设公司最大钢铁厂的重任——布拉德钢铁厂。两年后，他成了这家新工厂的厂长，并逐渐成为卡内基钢铁公司的灵魂人物。

又过了几年，齐瓦勃被卡内基任命为钢铁公司的董事长。后来，他与当时控制美国铁路命脉的大财阀摩根谈判成功。再后来，他建立了属于自己的伯利恒钢铁公司，并创下了非凡的业绩，完成了从一个打工者到创业者的成功飞跃。

从梦想到现实的路，其实说难也不难。这就是"梦的解析"的现实版本。

弗洛伊德对于梦的解析，与中国人又不同。《梦的解析》被誉为精神分析学第一名著，它通过对梦的科学探索，打破了几千年来人类对梦的无知、迷信，同时揭示了左右人们思想和行为的潜意识。

我们每一个人都会做梦，它是人类最普通、普遍的精神现象之一，也是一种极其神秘的精神现象。古往今来，人们对此不停地研究。

在人类对解梦的研究中，有一种被公认为具有相当的科学性，那就是弗洛伊德指出的：梦最主要的意义，在于它是梦者"愿望的达到"。这其中的经过或许是曲折的，间或有许多动人的故事。

梦中的情景，仿佛一幕现代派风格的荒诞剧，或者像一个难解的斯芬克斯之谜一样。那么，你如何解开这个谜底？

从中国的《周公解梦》到弗洛伊德的《梦的解析》，人们都努力对梦进行各种认识和解析，那么，梦与现实到底有什么关联呢？梦是即将发生的现实生活的预兆吗？

我们首先要做到不歪解梦的含义，不盲信梦的预言，给自己一个可靠的、理性的分析。所以，要通过辛勤的努力来达到梦想之目的，而不是等天上掉馅饼。

所有为梦想而努力的人，最终都不会空手而归。

相反，那些说而不做、夸夸其谈者，即使他们的梦想再美丽，现

实也一定不会回报他们。

一个追梦的人，才配得到梦想与现实的嘉奖。让我们少一些不切实际的春秋大梦，多一些与现实相称的梦想并为之努力——要相信，汗水一定会让梦想绽放出耀眼的花朵。

电影《盗梦空间》的剧情游走于梦境与现实之间，因此被定义为"发生在意识结构内的当代动作科幻片"。影片讲述的是由主人公造梦师带领特工团队进入他人梦境，从他人的潜意识中盗取机密，并重塑他人梦境的故事。

这是关于梦的另一种版本的演绎，科幻兼玄幻，很有意思。

中国历史悠久，关于梦的记载更多，比如"庄周梦蝶""南柯一梦""黄粱一梦"之类的故事。这些耳熟能详的故事丰富了人们的业余生活，还给人以美好的向往。

"庄周梦蝶"说的是：有一天，庄周梦见自己变成了一只翩翩起舞的蝴蝶，优哉游哉，不知道自己是庄周了。梦醒后，庄周犯了迷糊：不知是自己做梦变成了蝴蝶，还是蝴蝶做梦变成了自己。

"南柯一梦"说的是：唐朝时有一个叫淳于梦的人，一次在自家院中喝酒，喝多了之后便带着醉意在槐树下睡着了。淳于梦梦到自己考中状元，娶槐安国公主为妻，成了驸马爷；继而他在南柯郡当了太守，生儿育女，春风得意；后来檀萝国攻打南柯郡，他兵败后回到京城，由于皇帝听信谗言，他被贬为平民遣送回老家。

淳于梦想着自己的一世英名毁于一旦，羞愤难当，大叫一声从梦中惊醒。

"黄粱一梦"说的是：唐朝时，有一名卢姓书生打算上京赶考，他住店时遇到一个道士吕翁，并跟对方感慨自己一生穷困潦倒。

吕翁听后，从衣囊中取出一个瓷枕给卢生，说："你晚上睡觉时就枕这个枕头，保你做梦称心如意。"

这时天色已晚，店主人开始蒸黄粱饭（黄米饭）。

卢生梦到自己回家了，几个月后还娶了一个漂亮女子为妻。不久后，他又中了进士，后来升为宰相。他先后生了五个儿子，后来又有了十几个孙子，成为一个大家族，拥有享不尽的荣华富贵。

但是，他到了八十多岁时得了重病，十分痛苦，眼看就要死了，突然惊醒，才知是一场梦。醒后，他看到吕翁仍在一旁坐着，而店主人的黄米饭还未熟。

经过这黄粱一梦，卢生大彻大悟，不再想着进京赶考，反而进入深山修道了。


不论白日做梦还是痴人说梦，更不论大梦初醒还是浮生若梦，抑或梦笔生花、同床异梦，一梦华胥……与梦相关的故事实在太多了。

我有一个同事，她的童年很不幸，所以她说，结婚前自己做的梦都是黑白色的，像黑白电影；结婚后，运气好起来，生活也美满幸福了，做的梦竟然全是彩色的了。

至于醒后还记不记得梦，因人而异。最后，我想说的是，有烦恼的时候不妨早点睡觉，因为梦里什么都有。

## 10. 自我实现，成为你所能成为的那个人

实现自我，成为你所能成为的那个人，就是在内、外因的共同作用下产生的。如果你没有达到自我实现的目标，反思一下，看看是哪个环节欠缺了。

先讲一个故事，这是个令人动容的故事。

第二次世界大战爆发，在纳粹德国吞并奥地利的时候，民国外交家何凤山是驻维也纳总领事。当时，德国法西斯对犹太人的迫害正在逐步升级，大批犹太人被杀害，面临着种族灭绝的困境。

何凤山思虑再三，不顾民国政府的反对，在维也纳领事馆向数以千计的犹太人发放了前往中国上海的签证。一张签证可以拯救一条人命，因此，这些签证也被称为"生命签证"。

根据现有档案发现，1938 年 6 月至 10 月，何凤山向犹太人发放了

1700 多张"生命签证"。他的行为最终还是被纳粹党人发现，于是纳粹党人以维也纳领事馆是犹太人房产为由，将领事馆没收了。

在民国政府拒绝出资的情况下，何凤山自掏腰包，租了一套小公寓继续办公，并坚持发放"生命签证"，直到被民国外交部记过警告。

2001 年，已经去世的何凤山被以色列政府追授"国际正义人士"称号，并在耶路撒冷为其建纪念碑，上书：永远不能忘记的中国人。2005 年，何凤山被联合国誉为"中国的辛德勒"。

何凤山就是一个勇于自我实现的人，他的所作所为完全是发自内心的。他的自我实现是彻底的价值实现，是中国人善举的实现，是国际道义的实现，也是种初衷，是种本能，是做人的本色，不需要谁来提醒。

由此来看，你也可以成为你所能成为的那个人。


也有人想用另一种方式让历史记住他。

我去苏州旅游，在吴门桥畔碰到一个六七十岁的老者，对方自称诗书俱佳，当场 10 元一首赠诗，而写成书法挂轴装裱则 150 元起价。

听导游说，有位书画大师在此地旅游时听说了这个老者，就奔了过去，坐在第一排恭听。结果，大师发现那位老者写的诗非但平仄有出入，水平也不怎么样；而书法呢，据说老者是全国书协会员，却令人心生疑惑——这种水平，有糟蹋艺术之嫌呢。

这种自我实现真是令人感慨：他真的能够成为诗书大师吗？

　　人活于世，阶层也许会阻碍我们通往成功之路的可能，但绝不会妨碍我们正确地认识世界。自我实现是一个漫长而艰辛的过程，且不说外界的压力、阻力，单就自己是否能持之以恒地向着目标迈进，就是个很大的考验。


　　接下来说说张伯驹的故事。

　　张伯驹是民国四公子之一，也是一位风流才子，最令世人敬佩的是，他晚年时将价值连城的收藏品全部捐给了国家。这个命运沉浮的奇男子，称得上是爱国楷模，而且他的爱国不以自身和他人的际遇为参照，只有忠肝义胆、无怨无悔。

　　张伯驹收藏文物时的慷慨、大气，当代中国无人能及，最关键的是，他的收藏不只是爱好，爱国才是主题。他曾因担心国家文物外流，负债七千多美金购买流散的文化珍宝。还曾致信当时主政北平的宋哲元，说被英人购去的某幅画为重要文物，请当局查询，勿使出境。

　　这就是张伯驹的自我实现。这种赤诚不因个人际遇的改变而转移，不仅是一种自我实现，也是一种自我升华。

　　自我实现的故事版本，以男人居多，但女子之中也不乏优秀者，譬如民国时期著名诗人徐志摩的前妻张幼仪。

　　生活中无数想哭的瞬间，还可以想到不哭的理由，而张幼仪这个以弃妇形象留给世人无限忧伤的女子，却在离婚后成为顶天立地的女汉子。离婚后的她历经重重磨难，完成了凤凰涅槃的蜕变。

尤其在幼子夭折后，张幼仪先是在东吴大学教德语，后来在张嘉璈的支持下出任上海女子商业银行副总裁，同时又出任云裳服装公司总经理。再后来，她又应邀管理国社党的财务。事业上的忙碌，让她忘了感情生活的伤疤。

谁也想不到，张幼仪在离婚后激发出了如此大的超能力，做事干练、果断，事业风生水起。伤痛让人清醒，就在这时候，她顿悟了人生只能靠自己——离婚、丧子之痛，让曾经的温室小花瞬间变成了铿锵玫瑰。

张幼仪用自我实现的方式诠释了生命的意义。

类似的事例，还有民国初年上海滩的奇女子周炼霞。这个风华绝代兼才华横溢的女子曾风靡上海滩，号称"炼师娘"，被誉为"金闺国士"，与当时的才女张爱玲、潘柳黛等齐名。

周炼霞的优雅装扮不是为了取悦别人，而是为了取悦自己。她的绘画功底也成为装扮自己的一种手段，如她自己所言："一个女人应有文艺的爱好，这既是消遣，又能陶冶性情，永葆年轻和美丽。"

同辈词人公认周炼霞为当时最杰出的女词人之一，并将她比之为"今日之李易安"。她的《西江月·寒夜》一词，刚刚填出即广为传诵：几度声低语软，道是寒轻夜犹浅；早些归去早些眠，梦里与君相见。丁宁后约毋忘，星华滟滟生光；但使两心相照，无灯无月何妨。

也正是这首词，成为周炼霞的人生之劫。在一场风波中导致一只眼失明后，她非但没有轻生，反而请画家为自己刻了一枚印章，刻字

为"一目了然"，令人赞叹。

一个女性想要在艺术上获得成功很难，天赋、勇气、智慧、机遇等缺一不可。周炼霞通过自我实现给了人生一个圆满的解答，至于那些苦难，不过是试金石罢了。

实现自我，成为你所能成为的那个人，就是在内、外因的共同作用下产生的。如果你没有达到自我实现的目标，反思一下，看看是哪个环节欠缺了。

## 11. 己所不欲，勿施于人

"己所不欲，勿施于人"这句话，是处理人际关系的重要原则，但孔子所言有大境界，是指人应当以对待自身的方式来对待他人。

我小时候住在乡下，当地有个姓王的电工。他成家时我十多岁，那时听大人谈他拒婚的事，记忆颇深。

电工长得不错。在 20 世纪七八十年代，农村青年要是有个手艺，那可是特别吃香的事。别人给他介绍的对象前后有很多，包括丑的、俊的，穷的、富的……

他自己倒是相中了一个漂亮的姑娘，但他家里死活不同意，并且为他安排认识了一个长相一般而且大他 3 岁，但家境殷实的女子。

他又是闹又是反抗，但家里人根本不由他做主，并告诉他说："那个女孩子是正经人家的姑娘，长得虽一般，但能干活！"

他反问："老牛还能干活呢，能当媳妇吗？"这话成为一句"经典"，在村子里传了好多年。不过，他最终还是按家人的意思娶了自己不喜欢的女子为妻，过了上看似幸福的生活。

他家人的意思，客观地看也不完全错，而且主要是为他好。在农村，娶个"花瓶"虽然并不实用，但哪个年轻人不想娶个美丽的女子为妻呢？老人有老人的想法，他们想的是能居家过日子，而年轻人的爱美之心也无可厚非。

至于长辈强迫晚辈行事，这种爱，需要岁月来验证结果的好坏。

孔子有句名言："己所不欲，勿施于人。"这是处理人际关系的重要原则，无论是家人还是朋友之间，都应以此为参照。

其实，这八个字也就是人们常说的"恕道"。一个"恕"字，道出人与人、国与国之间的交往。自然，一切只在于将心比心。

主动担责是一种做人的智慧，如此，"在邦无怨，在家无怨"。

春秋时，晋国有一名叫李离的狱官，他在审理一件案子时由于听从了下属的一面之词，致使一个人冤死。

真相大白后，李离准备以死赎罪。晋文公对他说："官有贵贱，

罚有轻重，况且，这件案子主要错在下面的办事人员，又不是你的罪过。"

李离说："我平常没有跟下面的人说我们一起来当这个官，拿的俸禄也没有与下面的人一起分享。现在犯了错，如果将责任推到下面的办事人员身上，我又怎么做得出来。"

李离拒绝了晋文公的劝说，最后伏剑而死。李离的办案精神，以死谢罪的勇气，都值得今人深思。

想想看，自己都不喜欢的东西，别人喜欢的概率就更微乎其微了——将自己不喜欢的东西送人，一是敷衍，二是自私。这样的人，人品肯定有问题，不值得深交。

真正的朋友，是雪中送炭，而不是锦上添花——平时说得天花乱坠，遇到动真格的事就见真章了。真正的朋友，也是在交往过程中经历过一件件事情后而得到印证的。

也有特殊现象，比如，自己不喜欢的东西正好是别人喜欢的，这算是歪打正着了，不在正常的讨论范围之内。自己不愿承受的事情，不要强加在别人身上，做人如果能做到将心比心，就大体算合格了。

我一直喜欢比喻，无论正、负面的事件或情绪借由比喻而说，更形象、更生动。那么，把欲望比作什么好呢？美食？美色？

人心与世界相映成趣，如果自己的欲望不妨碍他人，也没什么；若因自己的欲望影响到别人的生活，那就值得商榷了。要知道，做人的美德之一就是："己所不欲，勿施于人。"

"己所不欲，勿施于人"这句话，对我们的影响真是不小。比如，就拿职场来说，面对复杂多变的人际关系，人与人之间应该相互尊重，相互信任，相互理解，相互支持。

某类人有个共性，就是送别人东西时总是送好的——把好东西送给别人，这是一种美德，也是一种值得褒奖的精神。相反，有一部分人送别人东西时，总是将自己不喜欢的甚至有瑕疵的东西拿出来，如同处理废品一样。

这两种送人东西的行为体现出两种思想，最终体现为两种人的做事风格。你说是将自己喜欢的东西送给人好呢，还是将自己不喜欢的东西送给人好呢？公说公有理，婆说婆有理，都不是绝对的。

其实，最得体的送礼，是送对方目前最需要的东西。原因不外乎，你喜欢的，别人不一定喜欢；你不喜欢的，别人也不见得喜欢。送礼的最佳境界，就是你送出的东西恰恰是对方喜欢的，并且是对方目前最需要的。

好多人的毛病往往是自作多情，以为自己喜欢的，别人也喜欢。非也。

最有喜感的送礼，就是己所不欲，他人正需；再就是己所欲，却要忍痛割爱施于人。这两种情况都是特例，极少见，但也存在。要是这种状况发生了，也未尝不是趣事一桩。

　　"己所不欲，勿施于人"这句话，是处理人际关系的重要原则，但孔子所言有大境界，是指人应当以对待自身的方式来对待他人。人应该有宽广的胸怀，待人处世切忌心胸狭窄。倘若己所不欲，硬施于人，不仅会破坏与他人的关系，也会把事情弄僵。

　　人与人之间的交往，确实应该坚持这种原则，这是尊重他人、平等待人的体现。人生在世，除了关注自身的存在以外，还得关注他人的存在。而人与人之间也是平等的，切勿为难别人。

　　只有理顺了人际关系，才能更好地生活，达到众乐乐的人生境界。切记，独乐乐并不是人生的最佳幸福模式。当然，"己所不欲"只是说不能勉强别人，但如果对方愿意，则不属于讨论范围——己所欲，别人未必所欲，所以不能强加给别人。

　　总之，无论是否"己所欲"，都不能强加给别人东西——它只有一个标准，即：以别人的意愿为标准。

　　要看别人是否愿意接受我们的好意，这是做人的慈悲心，也是交友的前提。就说婚姻吧，父母对子女的爱最深，可是在择偶标准上，父母与子女很难达成一致：父母看重的是人要实在，能居家过日子，将来生活稳定；子女看重的，往往是眼缘和颜值。

　　"颜值控"，是年轻人不可避免的审美观，他们在择偶时情愿以牺牲其他品质为代价而看重颜值。而不懂父母的一片苦心，也是因为他们由于年龄所限，懂得不多——待到懂得时，总是为时已晚。

至于做人方面，"己所不欲，勿施于人"这句话也有很好的体现。

说到保密的智慧，想起罗斯福的一件轶事。他当海军助理部长时，有一天，一位好友来访。谈话间，朋友问起海军在加勒比海某岛建立军事基地的事。

"我只要你告诉我——"朋友说，"我所听到的有关基地的传闻，是否确有其事。"

这位朋友要打听的事情在当时是不便公开的，但既然是好友相求，那如何拒绝是好呢？只见罗斯福望了望四周，然后压低嗓子问朋友："你能对不便外传的事情保密吗？"

"能。"好友急切地回答。

"那么……"罗斯福微笑着说，"我也能。"

以反问的方式把问题抛给对方，从而拒绝了对方的探密。罗斯福的聪明，令后人每每谈及都会会心一笑。

这个故事非常有趣，教会了我们如何巧妙地拒绝对方又不伤彼此的感情。话说回来，做人在遇到类似问题时，不该问的最好还是不要问，免得让自己和他人都陷入尴尬的境地。

当然了，"己所不欲，勿施于人"是一种做人的美德，但"己所欲，施于人"也不见得就值得推崇。凡事因具体情况而定，不能一以贯之，只能具体情况进行具体分析。

## 12. 社会参与，重塑人格的关键

人最怕的是看不清自己，或看得清却达不到自己想要的程度。人如果能发现自己的错误，自然难得；倘若再能改正，那就是高人了。

社会参与，就是要学会入世。如果你改变不了世界，就尝试着去改变自己好了。

人在社会中生存，要融入这个大环境，而不是独自行走——就像海里的一条鱼、天空中的一只鸟、枝头上的一片叶子，这会显得孤独。这就不可避免地涉及了社会参与，引出了重塑人格的问题。

且看周处是怎样做的：话说周处年少时，凶狠霸道，百姓把他和义兴河蛟龙、南山白额虎称为当地三大祸害，而三害中以周处为最。后来，有人鼓动周处去杀猛虎和蛟龙，实际上是希望三害同归于尽。

周处杀虎斩蛟，历经几天几夜未见归来。当地百姓以为周处已死，大加庆贺。没想到，周处活着回来了。但他听闻乡里人在庆祝自己的"死"，才知自己做人有多失败，遂生悔改之意。

于是，周处找到大名士陆云，跟他说了自己的情况，并表示自己想要改正错误。可是，现在已经荒废了很多岁月，他感到很困惑，就问道："现在还来得及吗？"

陆云说："古人珍视道义，认为'朝闻道，夕死可矣'，况且你的前途还是有希望的。再说了，人就怕立不下志向，只要能立志，又何必担忧好名声不能传扬呢？"

周处听罢，改过自新，终成有名的忠臣孝子。

周处重塑人格的过程，关键在于他的自知。当他认识到自己被当地百姓所厌恶时，那种反省是发自内心的，这才令他痛下决心准备重新做人——外界对他的影响和他本身的决心，成全了他的名节。确实是这样，人不可能只生活在自己的世界里，与外界完全绝缘。

有意思的是，一个人若是先坏后好，那叫浪子回头金不换；但若是先好后坏，那就不能被原谅了。

人的思维就是这么奇怪，同样的经历，发生的顺序不同，评价也就有了天壤之别。

如果自己的人格有缺陷，自己也意识到了或者他人指出来了，我们应该虚心接受并努力改善——保持乐观向上的生活态度以及重建信心，接纳有缺点的自己的同时，事事要力求自己做到最好。

每个人都有自己的理想人格，但如果我们总用单一的思维方式看待问题，得出同样的结论，就发现不了更深层次的实质性的东西，从而永远无法完成思想上的蜕变。

只有当我们学会独立思考，建立起自己的价值观，理想人格才会真正属于我们——人格独立是实现自我的前提，没有谁可以例外。

生活一定要用幸福指数表现出来，所以，我们经历的每一天都值得珍惜，就像我们走过的每一片土地都能播种美丽的花朵。向目标和理想前进，实现人格重塑，这就是人生的意义。

一个人脸上的表情是温柔还是霸气，那是这个人的内心传递给外界的"晴雨表"。时常有温柔的脸上瞬间长出一根根"荆棘"的情景，这是因为人的情绪转变导致面相的变化。其中，个人意识是主导，而外界的影响也起了作用。

众所周知的"诗仙"李白，就是因为不懂社会参与，导致他的一生与仕途渐行渐远。他本来有机会得到朝廷的赏识和任用，但他的手和嘴都不大靠谱，逞一时之快说了"臣是酒中仙"的话，皇帝不乐意了，于是他的前程、功名就没了。

社会对个人性格的塑造，有着非常重要的作用和影响。譬如，看见老人摔倒后扶不扶的问题，再如坐公交车时给老弱病残者让座的现象。

有自私的人，就同样有善良的人，社会大环境对个人性格的影响是显而易见的。几年前，某城市有个两岁女童小悦悦被两辆车先后碾压，18名路人无一出手相助。该事件，当时一度成为社会焦点，而"为何不敢施救"这个话题令人深思。

后来，一段署名为"北大副校长"的短文迅速走红，读罢令人欣慰："你是北大人，看到老人摔倒了，你就去扶。他要是讹你，北大法律系给你提供法律援助；要是败诉了，北大替你赔偿！"

由此可见，社会对个人行为的鼓励有多么重要！

重塑人格是个非常复杂的过程，与内、外因皆有关。比如，一名罪犯因为在监狱里接受了教育与改造，整个人脱胎换骨了。出狱后，他真的成为一个对社会有益的人，一个完整意义上的好人。这是因为，他内心的善被激活了。


将原来的人格进行重塑，这是一个并不容易的过程。而内、外因像需要共鸣的一对呼应系统，因为人的头脑中，实际存在着一个"阴暗"指示的声音：在遇到什么情况时，应该如何去做。

这个声音来自头脑中的一个指示系统，因为这个声音是"阴暗"指示的，所以称为"暗示"。而这个指示系统，就被称为"暗示系统"。人们平时意识不到暗示的存在，因此，所有的暗示都是潜意识。

很大程度上，因为社会参与，个体的人才会将潜意识变成意识主导的真实性行为去付诸实践。拿爱情来说，男孩在青春期遇到心仪的女孩，如果女孩很优秀，男孩会觉得配不上她，这往往会有两种结果：一是男孩努力变得优秀，以期得到女孩的青睐；一是男孩变得心灰意冷，并因此变得更加自卑。

潜意识是一还是二，自然会引导男孩接下来的行为。因此，这也

就产生出最复杂的本能反应系统，进而"泛滥"出欲望——人之所以为高级动物，就是这些本能欲望的集合体。

男孩遇见女孩这件事，本身就是社会参与中的一个类型，正因此，男孩潜意识地进行了自己的人格重塑。

"人皆可以为尧舜"，这句话的另一层含义就是：因为社会参与，得以重塑人格。

大家来看看这个故事。一位老僧坐在路旁参禅打坐，突然，一名武士用嘶哑而恳求的声音问道："老头儿，告诉我什么是天堂，什么是地狱。"

老僧毫无反应，像什么也没听到。过了一会儿，他才慢慢地睁开了双眼，嘴角露出一丝微笑。武士站在旁边，急切地等着答案。

"你想知道天堂和地狱的秘密？"老僧反问道，"你这等粗野之人，头发蓬乱、胡须肮脏、手脚沾满污泥，剑上还铁锈斑斑，一看就知道没有好好保管，怎么配当武士？你这等丑陋的家伙，你娘亲把你打扮得像个小丑，你还来问我天堂和地狱的秘密？"

武士闻言大怒，拔出剑来举到老僧头上。此时，老僧轻轻地说道："这就是地狱。"霎时，武士惊愕不已，对眼前这个敢用生命来教导他的老僧充满了感激和敬意。

肃然起敬的武士把剑收了回来，眼里噙满了泪水。"这就是天堂。"老僧含笑说道。

看来，人格重塑有时只是分分钟的事，也就是顿悟。

如果一个人不肯流俗，不肯承认自己置身的这个社会，不肯接纳社会中的某些丑恶现象，结果也是很可怕的——他有可能因此走上极端。在精神分析学中，弗洛伊德将人类的这种本能欲望系统用"原我"来表示。

原我的意思是："本来的我""本质的我""生物性的我"，也即"兽性的我"。所以，本能欲望是不能被删除的，因为你就是"他"，如果把他删除了，你也就消失了。

值得深思的是，虽然人的本能欲望在很多时候是不可被删除的，但是，这种本能欲望可以转换或自行消失，尤其当理性占据了很大的比例时——因为，人会被社会改造，而个人的力量很少能改变社会。


"无名，万物之始也；有名，万物之母也。"无名与有名，很明显是社会参与的结果。

一个人的绝大部分欲望会被直接满足，因为这些本能欲望是符合社会规范的，例如饮食、睡眠等。也有通过合理疏导间接戒掉欲望的，比如，从前喜欢打麻将，后来意识到这种活动没意义，于是看书学习去了。

但凡重塑人格，说的都是自己意识到了不足，而主观想去改变自己。说归说，做归做——人最怕的是看不清自己，或看得清却达不到自己想要的程度。人如果能发现自己的错误，自然难得；倘若再能改正，那就是高人了。

当一个人清楚地知道自己哪里做错了，以及应该如何去做出反应的时候，那么，重塑人格也就成功了，难题也就轻而易举地化解了。想想都得意。

善莫大焉！

# 第 四 章

## 思想野马：生活的辔头与缰绳

## 1. 溯源况味，论自恋

做人可以自信，但决不能自恋，因为自恋的人必定自怜，也最容易受伤。

自恋也算是一种"病"，过了就不好了，但自恋偶尔也能起到积极的促进作用。

自恋的人，总觉得这个世界有无数双眼睛在看着自己，其实根本不是那样。事实是，一个人要关心他人得有闲心、闲情，否则，自己的事情都忙不过来，哪有时间操心别人的是非。

有一个关于自恋的故事：美少年纳西斯在水中看到自己的倒影很美，于是便爱上了自己，每天茶饭不思，最终憔悴而死，变成了一朵花，后人称之为水仙花。这是典型的自恋。

每个人或多或少都会有自恋的时候，不同的是，有的人无时无刻不自恋，有的人只是偶尔自恋。偶尔自恋正常，长时间陷入自恋之中当然是一种病态了，只是病的深浅程度不同而已。

自恋是以自身为性恋对象的一种心理障碍，常表现为影恋，即以自己的影像为性爱对象，有时也会以过去的自我或稍变形的自我表象为对象。总之，一切不由旁人刺激而自发的情绪现象都可以叫作自恋，影恋是其中最典型的体现。

做人可以自信，但决不能自恋，因为自恋的人必定自怜，也最容易受伤。

《花千骨》中，杀阡陌虽为男子却妩媚妖娆，自恋得没的说。他觉得颜值太高令人苦恼："小不点你说，姐姐怎么长得这么好看呢？可惜啊，我的容貌虽然是这天底下最好看的，但这法力为什么就不是这天底下最厉害的呢？叫我怎么跟这容貌相匹配呢？"

和白子画见面，他说的第一句就是："没想到过了这么久，你的容貌依旧没有我好看。"

就是这样一个自恋到家的魔君，为了小骨，对白子画说："你若敢为你门中弟子伤她一分，我便屠你满门；你若敢为天下人损她一毫，我便杀尽天下人。"

小说中的杀阡陌，外表冷艳、妩媚、霸气，内心却善良，而且他对小骨的真心没的说。也因为这份爱，他竟然肯毁了自己的容貌。原来，自恋也有克星。

自恋是对自我投注了比较多的关注的兴奋状态。这样的人，将本来应该投注于他人的关注反向投注到自己身上，并且经常沉浸在不切

实际的幻想中，觉得自己最好。其实，这是一种病态。

有一首名为《自恋》的诗，读来令人不禁莞尔："看着镜子，对里面的人说，你又帅了，跟我一模一样帅气……你到底是谁派来的探子，附身在我左右……唉！真受不了你的这种折磨……"

读这首诗，你就会明白什么是自恋，以及自恋的人有着怎样的感受。

我们每天都可以邂逅自己，这种机遇可以毁掉自己，也可以激励自己，究竟好不好呢？对生活有益，就好；对生活有害，就不好。

自恋只要不过分就是正常的，因为每个人或多或少都有自恋倾向。

我曾看过一篇文章说林徽因自恋的倾向很严重，她开家庭文化沙龙，话题多是围绕自己，只要一说到别人，她就不乐意、不高兴了。林徽因貌美、多才，上苍将好的东西都给了她，包括幸福。一个女人能拥有这么多，还奢求什么呢？

自恋的女人，因为虚荣会周旋于男人群中，并且可以与多个男人保持暧昧，这并不说明她本来就是"浪女"。征服男人只是为了证明自己，而她这样做的深层原因，是她认为这是一种求证自我魅力的方式——与其说她享受这种乐趣，不如说她很享受过程。对她来说，这种暧昧游戏比任何高级化妆品都更有美容效果。

自恋的极品，要数金庸小说《天龙八部》中的人物康敏。她是丐帮副帮主马大元的妻子，也是段正淳的情妇之一，后来为勾引天下第一英雄乔峰而害死丈夫，但被乔峰所不齿。

康敏从小就有这种变态的想法："我得不到的东西，宁可亲手毁了也不让别人得到。"可以说，她是《天龙八部》中的第二心理病人（第一是阿紫）。她自负美貌，亦极自恋，所以会因为乔峰正眼都不瞧自己一眼而起杀心，最后死得很惨。

每个人的意识深处，总有一面镜子供自己自我欣赏，自我陶醉，自我宽慰。但是，自恋的人是因为心态已经有了问题。心大一点为"态"，所以，对于自恋的人来说，调整心态非常重要。

## 2. 长情有期，移情的动力学

人都有"七情六欲"，所以人和人之间最容易产生情感方面的好恶，并由此产生移情效应。

人是感情动物，多有移情行为。

移情虽为社会否定，但当事人自己往往不能自控，管不住自己的情感走向。就算移情者为世人所厌，他还是坚决地走在情感的不归路

上——这与"天地合，乃敢与君绝"的长情，形成鲜明的对比。

可见，感情和生命一样都有起点和终点，如果细心呵护，它存在的时间就会长一些。否则，这一切自然会随日而逝。

移情，换成现在比较时髦的说法就是"劈腿"和"出轨"。"满园春色关不住，一枝红杏出墙来"，这出墙的红杏就是移情的代名词。

移情之人，首选司马相如。《西京杂记》卷三记载了卓文君作的《白头吟》一诗，其中"愿得一心人，白首不相离"为千古名句。

该诗通过卓文君从守寡到追求自由爱情、再到险些遭弃的故事，塑造了一位个性爽朗、感情专一的女性形象，同时表达了女人对失去爱情的悲愤和对纯真爱情的渴望，肯定了真挚的爱情，贬责了喜新厌旧的行为。

"皑如山上雪，皎若云间月。闻君有两意，故来相决绝。"你既然无情，那我们就分手，这说的够明白了吧！

相传，卓文君十七岁便守寡了，而司马相如以一曲多情又大胆的《凤求凰》表白，让她一听倾心，一见钟情。但他们的爱情，遭到了卓文君的父亲卓王孙的强烈阻挠，然后，卓文君毅然与深爱之人私奔了。

可是，司马相如后来的所为，让卓文君很失望。司马相如在事业上如日中天之时，由于久居京城便产生了纳妾之意，于是，卓文君作诗《白头吟》，表达了她对爱情的执着。故事的结局，我们都知道，那就是司马相如回心转意了。

心理学上，把这种对特定对象的情感迁移到与该对象相关的人或事、物上来的现象，称为"移情"。说白了，就是指把对某个对象的情感迁移到与该对象相关的人、事或物上来了。

李世民是一代圣君，他对长孙皇后的感情极深，她死后，他还建了一座望台，每天登台眺望她的坟墓，结果被不解风情的魏征劝拆了。另外，李世民对他和长孙皇后二人的孩子宠爱有加，这也是一种移情。

爱屋及乌，就是移情效应的典型表现，意思是说，因为爱一个人而连带爱他屋上的乌鸦。后人用这个成语来形容人们对人和事的深情，心理学上也称为"移情效应"。

心理学研究表明，不仅爱的情感会产生移情效应，恨的情感、嫌恶的情感、嫉妒的情感等也会产生移情效应。古时候，皇帝可以因一人犯罪而株连其九族，其恨可谓泛滥成灾。这就是"恨屋及乌"。

人都有"七情六欲"，所以人和人之间最容易产生情感方面的好恶，并由此产生移情效应。

说到移情，很自然地想到一个成语：移情别恋。一对恋人曾经山盟海誓，说要执手白头到老，结果一方背信弃义，另一方却深陷情感的沼泽不能走出来。

发生了这样的事，最好的解决方法，就是用一段新的恋情来淡化旧的恋情。因为，时间是最好的疗伤药。

新人替代旧人，不失为疗伤"法宝"，这与喜新厌旧和见异思迁

有所不同：它是被动地选择了另一段感情，而不是主动地离开。移情是能够从失恋后的痛苦情绪里走出来的最佳方式，遭遇情感波折的男女不妨一试。

关于移情，最有趣的现象则是"夫妻相"一说，这也是迄今为止心理学上所说的"无声移情效应"最生动的实例。

同事新婚，小夫妻二人的长相出奇地相似，乍一看就像亲兄妹，这就是心理学上所说的"无声移情效应"。而这种"情同一体"的现象，就是二人生活在一起，情感的融洽与日常行为的高度默契，使双方的容貌发生修正，包括脸部轮廓、鼻子和嘴角、颧骨等都会慢慢地相似起来。

这种"情同一体"，也是所谓夫妻相的由来。神奇吧？

善男信女们，看看你的另一半，有没有因为时间而彼此相融、相似？人都有七情六欲，移情有时也是身不由己、情有可原，毕竟我们提倡长情总比移情好，不是吗？

移情效应，还表现为"物情效应"和"事情效应"。

据考证，蹴鞠是高俅发明的。就因为他的球踢得好，皇帝也从喜爱蹴鞠开始重用他，他最后成了宠臣。

在中国历史上，"以酒会友""以文会友"的美谈比比皆是。因为都爱喝酒，都爱舞文弄墨，不相识的人以酒或以文为桥梁建立了友谊；而喜欢喝茶的人，会对别人送的茶具感兴趣，也许以后自己也会去收集各种茶具，成为茶具收藏家，甚至茶具制作家。

自己不认识这个人，也从没得罪过这个人，而这个人却在背后说自己的坏话，这是为什么？一般来说，这是因为说别人坏话的人，不自觉地把自己的嫌恶之情迁移到某个具体的人身上了。

移情产生的后果，具有相当的不确定性。

移情是婚姻大忌，无论男人还是女人，对婚姻的忠诚是值得坚守的事情。没有人不向往爱情，因为这是人活着的一种精神动力。没有爱情的人，会缺少一种快乐。所以，不移情也就是长情，是世间男女对婚姻生活的最大向往。

## 3. 信仰之花，图腾与禁忌

图腾作为民族的崇拜物和民族的标志，通常会对这个民族的文化和大众心理产生巨大的影响。

人活着，心里如果没个奔头、没个念想，就太没意思了。由此，人都想活得有意义一些。这所谓的意义，换言之就是"信仰"。

　　然而，由于社会发展的阶段不同，人对自然的理解能力产生了局限性、对真理的认知能力产生了片面性，这都是不可避免的，这就引出了"图腾"一说。


　　信仰之建立又涉及图腾与禁忌，这些都与社会的发展有关。当然，宗教在西方一些国家，也是人内心的一种信仰。比如，物理学家牛顿发现了万有引力定律，却是个十足的"原型自然神论者"。

　　牛顿相信是神创造了这个世界，就让自然规律去统治这个世界。也就是说，世界在自然规律的支配下持续运转，而自己不再去插手。

　　牛顿认为：天体之所以会运动，是因为上帝创造万物以后也设定了各种自然规律，比如"运动定律"等。上帝先把它们一推，给了最初的动力，然后天体就按"动者恒动"的定律一直运动下去，事物、事情就都按照自然规律和概率顺其自然地发生，上帝不再做什么。

　　信仰，哪怕是大家族自发建立的某种信仰，都会成为信奉者的精神寄托，这是不争的事实。

　　古往今来，有不少人因为某种信仰而有所成就，这就是信仰的力量。天文学家哥白尼，同时是波兰弗龙堡大教堂的教士，他说神是"宇宙间最卓越、最有条理的匠人"。

　　信奉神的哥白尼显然并未拘泥于单一思维，相反，因为这种信仰，他种出了自己的思想之花——"日心说"。不论这种学说正确与否，当时在一定时间内，它成为一种精神皈依的指南。

　　有信仰的人，会活得相对有意义一些。这就是说，信仰本身成为一种动力，内心有了倚靠，支撑一个人走向未来。

　　天主教徒伽利略是数学家、天体物理学家，也是实验物理学之父，他的诸多人生成就，与他的信仰也有关。正是基于这种忠诚的信仰，他不惜得罪罗马教廷公开指斥"地心说"的荒谬。

　　天文学家、数学家开普勒是现代光学之父，他最为人知的贡献，称为"开普勒行星运动三大定律"。

　　可是，你知道吗，开普勒是个敬虔爱主的路德宗会友，他说自己"常以神的心为心"。那么，神的心，就是要他做一个杰出的天文学家和数学家吧！


　　图腾是一个民族的精神信仰。在原始人的信仰中，他们认为本氏族的人都源于某种特定的物种，与其具有亲缘关系。于是，图腾便与祖先崇拜发生了关系。民族不同，图腾不同——中华民族有龙图腾，俄罗斯民族有熊图腾等，

　　图腾有一个很重要的表现，就是禁止同一群体之内相互通婚。另外，新婚夫妇喝交杯酒也与图腾传说有关。

　　图腾，作为民族的崇拜物和民族的标志，通常会对这个民族的文化和大众心理产生巨大的影响。以龙为例，龙是中华民族的象征，中国人是"龙的传人"，而皇帝自喻是龙的化身，因此被称为"真龙天子"，其中，秦始皇被称作"祖龙"。由于龙拥有至高无上的地位，

形成了许多与龙有关的民俗。比如，在中国古代诗文中，涉及龙的内容随处可见；再比如赛龙舟，也成为一种文化活动。

由此来看，图腾崇拜与图腾文化，在世界文化史上占有重要地位。

"触犯禁忌的人，本身也将成为禁忌。"弗洛伊德认为，禁忌代表了两种不同的意义：一方面是崇高的、神圣的；另一方面则是神秘的、危险的、禁止的、不洁的。

禁忌在传说中是一种神秘力量，它能够利用无生命的物质作媒介而加以传递。现代社会，每个人对禁忌的认识不同，以正常心态对待就行。

## 4. 千情万绪，压抑

*压抑产生的客观原因在外部环境，主观原因在个体自身，而张弛有度是自我调节的妙招。*

生活像一副牌，打得好与坏，得看持牌者的心思和牌技。际遇的好坏会导致千情万绪，而压抑是每个人都不可避免的一种心理状态。

销售经理小刚是个暴脾气的人，但上司却评价他说："小刚懂得在什么时候发脾气，什么时候控制，能争取到最大的利益。"

人经常处于压抑的情绪氛围中容易得病，这是因为忧伤所致。中医提醒我们，过度压抑容易出现心理问题。

火爆、泼辣的人，动辄"怒上心头"，最后只能闹得自己一身病，这就是中医所说的怒伤肝。朱安就是一个压抑了一辈子的女人，自从她和鲁迅有了婚约，一生就成了悲剧。

人最怕什么事情都闷在心里不说，这样的话，时间长了就成为实病——大多数病因，用科学方法来分析都是从心火引起的。但短暂的

压抑，是理智的人在大多数情况下的正常选择。因为，为所欲为的人并不多，任性需要背景和钞票。

《红楼梦》中的林黛玉，就是典型的压抑型人格。她因寄人篱下，所以看别人脸色度日，凡事万分小心，就连心爱的男人也不敢大胆去爱，终于抑郁成疾。

有些环境是我们根本无法改变的，就像林黛玉的寄居一样：她心里清楚自己所处的境地，因此要做与这个环境相契的人。

这就如同生活中那些想不开的人，其实他们不是想不开，而是谁都无法体谅当事人的为难，这道理谁都懂。也有不少人试图放宽心，修身养性，男人让自己成为儒雅之人，女人让自己成为知书达理之人。

这种自我苛求，其实并不可取，因为过度压抑反而容易导致出现心理问题。该生气时别憋着，以合理的方式发泄出去才能保持心理平衡，比如找个没人的地方大哭一场。

找到疏导自己负面情绪的方法，成功地把郁闷从心中遣散出去，达到身心俱爽的状态，这是人健康长寿的特效"保健药"。

人有千情万绪，能做到表面淡定、泰然自若，已经算是有足够的定力了——要做到喜怒不形于色，需要怎样的心智？

韩信遭遇"胯下之辱"的故事，众所周知，那种隐忍也算是自知之明，因为人在困境时不保存实力，将来则难以咸鱼翻身。

话虽如是说，但有的人可能一辈子都没有翻身的机会，有的人则会跻身为人上人。

人生不得志，自然就觉着压抑。事实是，90% 以上的人都有过压抑的心情。大多时候，压抑的痛苦经历并未真正消失，只是由意识领域转入到了另一个领域，并且常常以伪装的方式表现出来，像梦话和酒后吐真言等。

人是复杂的情绪化动物，大多时候清醒地维持着自己的尊严，失控的时候往往会说真话。压抑虽对身体有害，但在当时的情境下，它往往会起到化解矛盾的神奇作用。这也相当于"忍"：忍字是心上一把刀，所以谁忍着、谁压抑，谁就不会快乐。

善忍者，能够避开暂时的困难，以图东山再起。比如，南非前总统曼德拉为反对种族歧视曾被囚禁 26 年，最后终于取得了斗争的胜利，这给人以希望和勇气。

如果压抑过于频繁，超过了心理承受能力，消极作用就可能表现出来了——主要是会造成心理失常，严重的还可能会出现心理疾病，人格变态，直至郁闷而死。陈良《寄题陈同甫抱膝亭》诗曰："此意太劳劳，此身长抑抑。"

由此可见，压抑也是一种较为普遍的大众病态心理。

一生一知己，找个能排遣自己压抑心理的人，说什么也不必担心祸从口出。这是人生之幸，也是疏导压抑心理的最佳模式。

万事皆有因果，压抑也不例外。压抑产生的客观原因在外部环

境，主观原因在个体自身，而张弛有度是自我调节的妙招。

人的一生会遇到许多挫折，如何战胜挫折，到达成功的彼岸？圣贤们的思想与足迹能给予我们许多启示——孔子讲学"三虚三盈"，但他不气馁，经过不断努力终于培养出"三千弟子"。

积极工作也是化解压抑情绪的良方。或者，在重压之下时不妨回归自然，亲近自然，这会令人感到非常轻松。

另外，压抑的时候，最好给自己找点事做或干脆去逛街、购物、运动等，因为转移注意力也可以帮助你尽快抛弃压抑情绪。

# 5. 真假之惑，一个幻觉的未来

在这个功利的世界里，评价人的标准有时候是势利的、无情的，但是，我们要始终相信，时间垂青于勤者，花环偏爱努力的人。

生而为人，我们最大的感慨，就是怕面对一去不返的时光。

小美是个 80 后，人长得好看，学历高，家境也不错，可以说老天爷对她不薄，这也使得她在爱情上眼光颇高，能入她法眼的男人不多。

结果，一路挑下来，她就成了大龄剩女，一副高处不胜寒的样子。

一开始，小美想找个十全十美的优秀男人，在发现不能实现这个梦想后，做了退一步的打算，想找个十全九美的男人，结果还是没能遇到。于是再退一步，不挑家境和模样了，只要有能力、有工作就好，当然也没能如愿。接着，她再退一步……

要是小美在最初不设定十全十美，而是六美七美的目标，估计早就结婚了。

理想降档，人气亦降档，目标离得远，总是不赶趟，这就是不明智的选择了。好高骛远不是正常的价值取向，那种幻想的未来虽然迷人，但与现实差距太大，缺乏实现的可能性。

古有女娲补天，天破了都能补，何况是梦？一个人的胸怀有多大，人生路就能走多远。事实上，谁不是这样做的呢？

人生中的风雨在所难免，关键要看我们对待命运给自己设下这些考验的态度。大多时候，人生就是一种坚持，你坚持到了最后，胜利自然属于你。

可惜，很多人都不懂，也不肯坚持。就像百米赛跑，哪怕你跑完了九十九米，最后一米你跑不动了、放弃了，冠军也就与你无缘了。相反，在最后的冲刺中你超常发挥，后发制人，一连越过数人而领先跑到终点，这时你可谓成功了。

奔跑是向上的力量，聪明的人时刻都奔跑在人生路上，哪怕他看

似静止，其实内心从未停止过追求。春秋时期的军事家孙武，就是一个不折不扣、老有所成的智者。

现实与梦想真的具有某种戏剧性。有人说，这个世界看中的是过程，不是结果。可是，现实与这种说法往往相反。

阿里巴巴成功了，你羡慕吗？但是，你可曾看到马云为此付出过怎样的努力？他在努力奔跑时挥洒的汗水和泪水，与成功向他抛出的橄榄枝，是成正比的。

再如一位书法大家，他写字时如同舞蹈一样令人舒畅。但是，你可曾了解他曾为练好每一个字而费心竭力地写了多少遍？

"胜者为王，败者为寇"，古人的话一点儿都没错。在这个功利的世界里，评价人的标准有时候是势利的、无情的，但是，我们要始终相信，时间垂青于勤者，花环偏爱努力的人。


佛家有皮囊之说，意思是世人注重外表。对女人来说，花容月貌确实很占优势，脸蛋儿几乎是行事的通行证。果真如此吗？

有篇文章《当你老了》读来令人感动，尤其是其中的这几句："多少人爱你青春欢畅的时辰，爱慕你的美丽，假意或真心，只有一个人爱你那朝圣者的灵魂，爱你衰老了的脸上痛苦的皱纹。"

所以，人的长相，可能是上天刻意设下的一个障眼法。

某处小城的一个富商子弟，长得那叫一个寒碜，可是他却娶了在小城数一数二漂亮的女孩。那女孩家境一般，没有工作，于是男方给帮忙找了工作，还给老丈人家送了一套豪宅。

小城的人都拿这个女孩说事，羡慕得不得了。

可见，虽是皮囊，若生得漂亮也会带来好处。

世间每个女孩不论长得如何，对爱情的憧憬是一样的，都渴望过上幸福的生活。只是，爱情的橄榄枝向来多青睐美女，姿色平平的女子则要靠提升自己的内涵来吸引男性了。

精彩的人生，从来不与平庸沾边。不论幻想的未来能否实现，日子的延伸却是人力不可违的，因为：逝者如斯夫，不舍昼夜。

## 6. 经千百劫，认知与审美

每个人都有原始的野性和本真，但在社会大环境中想要存活下去，必须适应和自觉遵守规矩，否则，免不了自然法则的优胜劣汰。

认知是一个自我检验的过程，这个过程可能漫长，也可能短暂。

我曾看过一个描写爱情的故事：从前，有个书生和未婚妻约定要在某年某月某日结婚。到了约定的那一天，未婚妻却嫁给了别人。

书生受此打击，一病不起。这时，一位游方僧人路过得知此事，决定点化一下书生。僧人来到书生床前，从怀里摸出一面镜子让他看。

书生看到：一名遇害的女子一丝不挂地躺在海滩上。这时，路过一人将衣服脱下，给女尸盖上后走了；不久又路过一人，挖了个坑，小心翼翼地把女尸掩埋了。

书生正疑惑间，画面切换了：自己的未婚妻此刻正洞房花烛夜，被她丈夫掀起了红盖头……

书生不明所以。僧人解释道："看到海滩上的女尸了吗？那就是你未婚妻的前世。你是第一个路过的人，曾给过她一件衣服，她今生和你相恋，只为还你一个人情。但是，她最终要一生一世报答的人，是最后那个把她掩埋的人，也就是她现在的丈夫。"

书生大悟，然后病愈。

这个唯美的故事告诉我们，人在历经百劫千难后会豁然看开。


中国历史上的辽、金、元、明、清各代均设有类似鹰坊的机构，其中，海冬青则被喻为"万鹰之神"。

满族人把鹰用于狩猎，统治者则以鹰捕鹅、雁作为消遣的手段。海东青的捕捉和驯服极有难度，因此熬鹰也成为彼时非常著名的一项活动。这算不算历经百劫千难呢？且先看如何熬鹰再下定论不迟。

所谓"熬鹰"，是一次对鹰从肉体到心灵的彻底戕害。一个高傲、自由的灵魂，经一番徒劳的挣扎后，最终会因悲愤、饥渴、疲劳、恐惧而无奈屈服，成为猎人逐兔、叼雀的驯服工具。

民间有"九死一生，难得一名鹰"的说法。将野性十足的海东青用捕鹰网捕获后，带回来放在熬鹰房的鹰架上，加上"脚绊"，让它几天几夜不睡觉，慢慢地磨掉它的野性。一个桀骜、自由的灵魂从此消失了，这就是"熬鹰"。

人生不也是如此吗？不经百劫千难，怎么能抵达成功？每个人都有原始的野性和本真，但在社会大环境中想要存活下去，必须适应和自觉遵守规矩，否则，免不了自然法则的优胜劣汰。

这种适应的过程如同"熬鹰"，是一个非常令人不忍的过程，却是不得不面对的事实。由此，就牵出了认知与审美的定义来。

细想，"熬"无非是将伊始的坚持放弃，把性格中的棱角磨光，看似残忍，却是在为生存做必要的准备——否则，自己的棱角不但伤人，也伤己。

这也是我们生而为人必须接受的潜规则。懂得应做什么、不应做什么，懂得什么是对、什么是错，如此才能游刃有余、轻松地生活，不给自己造成尴尬和困境。

如果说，熬鹰过程中的鹰是被动接受"熬"的过程，那么，此刻的我们在面对世俗环境时，不自觉地学会并践行了"熬"的过程——懂得了约束自己，学会适可而止。


"翩翩舞广袖，似鸟海东来。"现实生活中，这样自由的鸟只

会碰壁，根本不可能快乐地生存——如同生活中，每一个圈子都有它的潜规则。大多时候，存在不是以合理两个字能解释的。

有一个关于长勺子的故事：一位使者去考察地狱和天堂。他先到了地狱，发现这里的人面黄肌瘦像饿死鬼一样，每天非常痛苦。原因是，每个人手里都拿着一把一米长的勺子，尽管勺子里装满了食物，但怎么也放不到自己的嘴里。所以，地狱里的人都受着煎熬。

这位使者又来到了天堂。他发现，每个人吃的食物跟地狱里的没什么区别，每个人手里拿的也是一把一米长的勺子，但他们都红光满面，精神焕发。真相是：天堂里的人用长勺子互相喂食，而地狱里的人只想用长勺子喂自己，所以永远挨饿。

其实，这就是社会的真相。我们手中可能都有一把长勺子，这是社会赋予每个人的，但你必须接受一个规矩，那就是社会法则：大家互相帮助才会其乐融融。

海冬青猎取到食物之后，只能得到一点儿动物的内脏，因为它们不会被喂饱，所谓"鹰饱不拿兔"就是这个道理。那么，人生不也是这样吗？盈过即亏。因为，生活环境一旦太优越，人就会失去向上的动力。

换一种思维看问题，山穷水尽有时只是生命的假相。真正的绝境，就如海冬青以改变自己和屈服为代价，完成了生命的蜕变，颇有退一步海阔天空之意——它把绝境变成生命的转折点。

人生概莫如是。当我们改变不了这个世界，不如尝试着去改变自己。优胜劣汰的自然法则，要我们把生存作为第一要务，其他的都是次要的——人只有好好活着、好好爱自己，才会更好地爱身边的人，爱这个纷纭的世界。

而"熬"是人生的过程，是一种历练、一种成长，煎熬过后，自会苦尽甘来——"搏风玉爪凌霄汉，瞥日风毛堕雪霜。"这个世界上，完全没有约束或自由的地方是没有的。

历经百劫千难，历练一种成就。这种故事耳熟能详，比如唐僧取经，他经历了九九八十一难最终得成正果。这个故事无非是为了告诉世人，不经一番寒彻骨，怎得梅花扑鼻香。

马克·吐温说："每个人都是月亮，总有一个阴暗面，从来不让人看见。"艺术审美的认知功能在帮助人们认识社会、感悟人生时，能够发挥其他学科知识所不能代替的作用。

小时候就知道，坚强的孩子没人疼；长大后才发现，没人疼的孩子要坚强。做人，想要生存、想要更好地生活，我们就应该以"熬鹰"的态度来对待自己。

正确认识自己的能力和地位，在社会中不断地砥砺自己，练就一双有力的翅膀和一双锐利的眼睛，奋飞九天而不知疲倦，高瞻远瞩而不迷失方向，完成精神上的涅槃，这样才不枉此生。

## 7. 进化过程，人类文明是以牺牲原始本能为代价创造出来的

本能是驱使人类生存并发展的动力，它和文明之间一直在进行着拉锯战，并且经常成为取胜的一方。

人类文明的产生，是一个漫长的进化过程。

曾看到一篇文章，题目是《一辈子只爱一个人可能吗》，大意是说，女人分精明的女人和聪明的女人两种。

精明的女人，会查出自家男人出轨的一切证据；而聪明的女人即便从男人的口袋掏出他在酒店开房的单子，也只是会把单子压在男人看得到的地方，而继续去给他洗衣服。

有人说："如果换成是我，我会离婚；即便不离婚，我也会出轨一次，通过'报复'达到心理平衡。"这样的女人，既不是精明的女人也不是聪明的女人，而是笨女人。

笨女人对于感情的纯净度要求很高，容不得任何瑕疵，不论是身体出轨还是精神出轨，甚至连逢场作戏也容忍不了，做不到睁一只眼闭一只眼。她们会说："一辈子那么长，就只能和一个人过一生吗？物质时代的节奏太快、诱惑太多，他现在没有做对不起我的事，以后能保证不做吗？我真是担心。"

人类自诩最重情感，但在进化过程中牺牲了一些原始本能，从而创造了人类文明。其实，有的动物比人类感情专一多了，譬如天鹅。当两只天鹅开始相爱，它们的眼里便只有彼此，一生只要这一个伴侣，永不分离。

人呢？有几个能做到？续弦或改嫁的人向来都不少，能经历时间检验的，才是最值得我们一生厮守的爱情。"曾因酒醉鞭名马，生怕情多累美人。"事实是，只要婚姻制度存在，就一定会有出轨。

弗洛伊德说，人类文明是以牺牲原始本能为代价而创造出来的。本能是驱使人类生存并发展的动力，它和文明之间一直在进行着拉锯战，并且经常成为取胜的一方。

一辈子只爱一个人，这种可能性一定是有的，但肯定比一辈子只结一次婚的可能性小得多。也就是说，即使是那些一辈子维持一次婚姻的人，也无法保证不对配偶之外的人动心。

沈从文说："我行过很多地方的桥，看过许多次数的云，喝过许多种类的酒，却只爱过一个正当最好年龄的人。"就是这个发表爱情宣言的"情圣"，与张兆和结婚之后却有了精神上的出轨，也可以算作婚外情，一度还曾与妻子分居。

很多白头偕老的婚姻，靠的并不是始终如一的爱情，而是包容、迁就、妥协，以及共同的利益联结。

但是，我们也不必因此就对爱情失去信心——爱情是真挚的，哪怕它有一天会消失。它在的时候，我们好好珍惜、好好维护；它走的时候，我们也不必难过，至少还有自己可以思念对方。

胡适和他的小脚太太江冬秀这对欢喜冤家，堪称民国夫妻的楷模。胡适学贯中西、名满天下，身边不乏主动追求他的女人，但他还是恪守传统道德，谨遵母命，接受了包办婚姻，娶了没有文化、不会跳舞、不会英文的旧式女子江冬秀，并且与她白头偕老。

胡适名扬天下，却最怕河东狮吼般的老婆。这种怕，本身就是对家庭的看重，是孝子本色。

胡适的婚姻标准，与今天很多人选择婚姻的标准又不同——时下，女人择夫看才华的不多了，而多看家庭背景、工作、钱财，相貌都退到其次了。

这种择偶观，值得我们深思。我们的思想到底经历了怎样的变化，才会产生这样的结果？宁愿在宝马车上哭，也不愿在自行车上笑的姑娘们，心里到底是怎么想的？

感情是块遮羞布，那么食色中的"食"，也是对人类是否牺牲原始本能为代价的一种考验。每个人遇到美食都会喜上眉梢，因为食物是生命存在的前提，但进化之后的人类又自不同。

客观地说，喜新厌旧和见异思迁是很多人的通病。这可能是天性，包括对异性的好恶，只是人类在进化后以婚姻和道德为约束，才强行控制了人内心的野性和原始的冲动。

当今现状，中国式儿女被称为"啃老族"。有人说这是父母惯的，有人说这是年轻人的道德滑坡了。事实是，所有的父母几乎都会把最好的食物留给儿女，这已成为惯性：对儿女的爱超越对美食的本能，这是一种伟大的情感。

值得关注的是，现在的啃老族日益增多。如果父母辛苦一生换来的是一个扶不起的阿斗，这确实值得我们深思——小鸟羽毛丰满了还得自己去飞，而啃老族为什么还要依赖父母呢？是原始的本能，还是教育的缺失？

人类得到了文明，牺牲了某些原始本能，这是不可避免的，如同鱼和熊掌不可兼得一样。如此看来，伟大的感情才能经得起时间的考验。

## 8.心是主导，一念之间的正邪

生命一念之间的善恶，并不比一株花更经得住年月，用心反观人生，会冷静很多，客观很多。

凡事有凑巧，结果却又是必然，这就是生活。而所有发生的事情，心是主导，正邪只在一念之间，有时令人懵懂，不得其解。

人的思维与年纪绝对相关。年轻时，年少轻狂是人之常情；中年以后，因为涉世多了而逐渐能够泰然处世，这也是岁月给人镌刻的一个显性符号。

有个关于"钉子"的故事很流行：一个男孩子的脾气很暴躁，于是他父亲就给了他一袋钉子，并且告诉他，每当他发脾气的时候就在后院的围篱上钉一根钉子。

第一天，这个男孩子钉下了37根钉子。慢慢地，他每天钉下钉子的数量在减少。他发现，控制自己的脾气要比钉钉子来得容易些，终于，他再也不会因为失去耐性而乱发脾气了。

男孩子告诉了父亲这件事，父亲对他说："从现在开始，每当你能控制住自己的脾气时，就拔出一根钉子。"

一天一天过去了，最后，男孩子告诉父亲，他终于把所有的钉子都拔出来了。父亲拉着他的手来到后院，说："你做得很好，我的孩子。但是，看看围篱上的洞，你生气时说的话就像那些洞一样留下了疤痕。如果你拿刀子捅了别人，伤口将永远存在，话语的伤痛就像真实的伤痛一样令人无法承受。"

多聪明的父亲啊，他无非是想告诉儿子，人在不开心的时候喜欢对身边最亲的人发脾气，因为你知道他们会包容你。但是，你发脾气时说的话都像钉子一样会伤人，或许你是无心的，但那已经造成了严重的伤害。

别胡乱挥霍亲人给你的爱，因为这对他们是一种伤害。想控制自己的言行，难也不难，这就看个人的修养和定力——归根结底，心是主导。

心是一个人的主导，好或坏有时也是相对的。看过一个报道，有个人在犯罪后逃亡的过程中竟然救了一个病人。这个故事令人不解，其实也是合理的。因为，每个人内心深处都住着善、恶两个本我，这两个本我总掐架，谁胜利了，谁就能主宰这副皮囊。

这种善恶像清浊不同的河水，清水、浊水此消彼长。在逃亡过程中，犯罪分子人性中善的一面促使他救了一个病人，所以说，他犯

罪了不能说就是坏人，他救了人也不能说就是好人。这是复杂的人性命题，但是，犯罪了就要受到法律的制裁。


烟火尘世，爱自有其解，与表相看来并不吻合。

有个男人脾气不好，动不动就和老婆吵架。老婆跟了他十多年，从爱他到不爱他，再到漠视。她一直想离婚，因为孩子就凑合着过下去。但是，男人是爱老婆的，只是他不会表达。

男人的家境并不好，近四十岁时，他给老婆买了一份保险，说将来万一他先走了，老婆也好有个保障。女人原本一直看不上男人，经历此事才发现，这世间最爱她的人竟然不是父母、兄弟姐妹，而是她一直想离开的这个男人。从此，她对男人好了很多，日子开始过得有滋有味起来。

婚姻是围城，难免会有磕绊，需要烈火见真金。而在这个漫长的过程中，心境难道不是主导吗？

生命一念之间的善恶，并不比一株花更经得住年月，用心反观人生，会冷静很多，客观很多。以敏感的直觉找到生活中最好的东西，创造愉悦、多元的心灵空间，你会发现，纵然我们不可能与每个人都合拍，可是人生无处不精彩。


像佛祖一样豁达，宽恕他人时也能放过自己。这种高大上的境界很暖心。当时，佛祖在舍卫城。一次，迦叶尊者在一个寂静的地方闭关，很久后才回到佛祖身边。此时，他须发皆长，衣衫褴褛。

佛祖正在为数百眷属传授妙法。眷属们见迦叶尊者如此模样，心生厌烦。佛祖悉知眷属们的心思，想："我涅槃后，佛法全靠迦叶尊者来弘扬，众比丘轻蔑他是不对的，我应在众人前宣扬他的功德。"

于是，佛祖便对众眷属说："你们不要轻视迦叶尊者，我涅槃后，我的教法全由他来弘扬。"说完，就让迦叶尊者和他坐在一起。众眷属见佛祖敬重迦叶尊者，亦重之。

一念成佛、一念成魔。给自己一个选择，是抽自己一鞭子，还是放自己一马，结果可是天差地别。

## 9. 翻手为云，自控力的强弱与成功

自控，就是社会与个人共同施压的一种潜规则，无论是主动还是被动，都不失为他人眼里的一种美德——对自己而言，则是桎梏。

别再过你应该过的人生，去过你想过的人生吧——以自己为王，这样的日子才无愧于人生。这话说得潇洒，实际上，为所欲为的人，

成功的概率极小——人有自控力，才更有机会成功。

说到自控力，不得不提及股市。

王先生因工资不够花，于是动了小心思入了股市。他以为能一本万利地赚钱，结果愈陷愈深——股市吞噬了他这些年来所有的积蓄不说，还让他负债累累。他因此更加不肯回头，总是借钱炒股。

并不是谁都适合炒股的，有些人为此而倾家荡产——其实，股市投资需谨慎，出现问题都是自控力不强。

王先生到现在即使已经债台高筑，也不肯退出股市，父母和亲朋好友都为其所累。他在朋友跟前也没信誉了，从同学处借的钱说好半年还的，结果几个半年过去还是被套在股市里。

股市与人生如出一辙。风和日丽的时候，怎么都好，什么正的、邪的心思都不往外冒。一旦出了意外，那就是蚂蚱眼睛——长长了，什么端庄、大气都没了，只剩下狼狈和纠结成山的苦恼。

王先生明知炒股需要技术和运气，还是不能自拔。为什么炒股的人赚钱的少，赔钱的多呢？

这就在于人性的贪婪，如果能及时收手，相信结果会好很多。也就是说，很多人在利益面前都会失去理智，变得疯狂——完全失去了自控力，被利欲牵着鼻子走，那么还能赢吗？悲哀的是，王先生早就失去了自控力。

只有懂得自控的人，才有可能在瞬息万变的股海里成为赢家。

感情世界里也要有自控力，谁失控，谁就输了，没的商量。

Y 是一名各方面都优秀的职场女性，却嫁给了一个各方面都不甚理想的 Z。结婚前，Z 对 Y 言听计从，好到没的说。可是 Y 成为 Z 的妻子之后，Z 对她再也没像从前那样好过。原因不过是：得到了。

因为得到，也就不珍惜了。

而 Y，却在这份并不平等的爱情里付出了所有。她流着泪对闺蜜说："哪知选了个样样不如自己的男人，还是没有幸福感。我以为这样的男人会拿自己当回事，没想到……"

感情是有闸门的，Y 错在忘记了自我保护。哪怕是真爱，在婚姻里也要有自我，有自控力，不能依附别人。

H 是一名漂亮、狡猾如猫一样的女人，看着那些追求她的"鱼"，根本没有心动的意思。但是，如果没有这张俏脸蛋儿在，她也不敢试探男人的爱和底线，也不会有男人关注她。

原来，容貌于女人如此重要。或者说，迷人的脸蛋儿加上二三流的头脑，就是女人最大的魅力。

H 很会装傻，她笑着对自己的好友说："太聪明的女人不好，男人也不会去爱。相反，漂亮到极致则是所有女人毕生的功课——因为美丽无极限。而男人呢，大多不喜欢太过聪明、太有心计的女子，那样就彰显不出他的英雄主义情怀来。"

这是从男人视角得出的结论，是否有失公允暂且不论，但在男人主宰的社会里，女人的美貌永远是最具杀伤力的武器。

H有自控力，不迷失自己，总是能迎合这个世界，当然轻易地就找到了自己的真命天子，从此过上了王子与公主般的幸福生活。

漂亮的脸蛋儿是女人的一张王牌，内涵则是女人的第二张通行证。女人的一生，无非借容貌与内涵这两样武器得以现世安稳，岁月静好。令人汗颜的是，一个没有自控力的女人，即便拥有美貌，离成功也有十万八千里。


在教育子女的问题上，自控力是一个极大的挑战，因为很多家长都有过失去耐心的时候。比如，一道题，家长给孩子多讲一遍后就会怒火上升，提高音量教训孩子。他们看见别人教育子女时连打带骂就会不舒服，轮到自己了，一样过不了脾气的火焰山。

不少父母在教育子女的问题上太过急功近利，殊不知，欲速则不达，最愚蠢的做法就是揠苗助长。一朝一夕，细水长流，才是文武之道。教育更是一项长期工程，事关未来——不只是你自家的大事，也是社会的大事。

父母是孩子的第一任老师，这话不是空口白牙说说而已，而是得到实践检验的真理。耐性，就是父母之于孩子最宝贵的品质。


想成功，单一地重复做一件事，重复无数遍，最后就有可能在这方面成为专家。这也属于自控力的范畴。

十年磨一剑，讲的也是自控力，专一从事这一种工作，日后才能磨成"利器"。坚持下来会成为一流剑客,这样的剑客想不成功都难——不坚持也没辙,那就会成为庸人,怪不得谁。

一个人的毅力,是成功的保障。说白了,毅力就是自控力,因为管住自己需要定力。

减肥也是事关自控力的话题,多与女人有关。一位五十开外的美女姐姐说:"自己定不了出身,自己定不了长相,胖瘦却是自己能定得了的——不就是管住嘴吗?适度节食,多运动,如此就可成为一个苗条的女子。倘若做不到,那这个人也没什么可取的了。"

试问:一个人管不住自己,还能管得住谁?

《潇洒走一回》这首歌的歌词,写得非常好:天地悠悠,过客匆匆,潮起又潮落。恩恩怨怨,生死白头,几人能看透……我拿青春赌明天,你用真情换此生,岁月不知人间多少的忧伤,何不潇洒走一回!

但是,人活着不只是潇洒走一回,还得为家人或他人承担些责任。做事之前,也要替别人考虑一番,自然就会活得累些。这也是人生不可调和的矛盾。

活到一定年纪,活得简单了,不再为了讨好谁而失去本真,这样才算稍微有些自我吧。而自控,就是社会与个人共同施压的一种潜规则,无论是主动还是被动,都不失为他人眼里的一种美德——对自己而言,则是桎梏。

冲动之时做的决定往往都是错的,遇见问题能冷静分析,不逞一时之勇,调动起自控力来,这样才会接近成功。

## 10. 为人行事，人的举动都不是无端做出来的

行是思的延伸，每个人的行为都受思想的支配。但所有的举动都得有个客观存在的大前提，不能坏了规矩。

那时，小李百思不得其解：不知为什么，女友最近对自己很冷淡。直到女友告诉他，两人桥归桥、路归路，他才发现两人竟然走到了要分手的地步。

小李问原因，女友不说，只是转身决绝地离去了。不久，女友成为别人的新娘。小李伤心欲绝，始终不知女友为何移情别恋。

很多年后，小李变成了老李。有一天，在集市上碰到当年的女友，老李犹豫了一下，终于鼓起勇气问道："当年为什么……"

这时，他们都各自有家，各自有娃了。前女友倒是落落大方地对老李说："当年，我弟弟讨老婆没钱，家里要用我嫁人的彩礼给我弟弟娶媳妇。你家太穷，我若是跟你说了，怕对你的打击太大。我们算是有缘无分……"

爱情不能当饭吃，也不能当日子过。

那一瞬间，老李的心结解开了，虽然他并未真的恨过她。她维护了他的自尊，现在，他对她充满了感激。

人的举动都不是无端做出来的，任何事情都有因果关系。

有个朋友婚后生子，他们两口子都是上班族，父母又不在身边，于是请了个保姆来照看孩子。

一周下来，保姆对孩子非常细心，这让他们夫妻二人非常满意，也一改最初的不放心。后来，他们发现孩子不是摔伤就是磕伤，而保姆说是孩子要学走路不小心撞的。

再后来，夫妻悄然在家里装了摄像头，这下真相大白了。原来，他们不在家的时候，保姆的大部分时间把孩子扔在婴儿车中不管不问，自己乐得清闲看电视，甚至还会打骂孩子。

这一幕幕情景，让这对夫妻看着都觉得不可思议，同时很愤怒。幸好发现得还算及时，没造成孩子更大的伤害，他们赶紧解雇了保姆。

行是思的延伸，每个人的行为都受思想的支配。但所有的举动都得有个客观存在的大前提，不能坏了规矩。在不妨碍社会整体利益的前提下，你才可以为自己谋利。

树立远大目标是行动的促因，也是成功的动力源。

有的人，一生需要别人推波助澜，不然就会没作为、没出息，这有点像千里马和伯乐的故事。人之行事，有因才有果。

比如，中国历史上唯一的女皇帝武则天，她年轻时也天真烂漫，不懂权术，更不适应后宫那种尔虞我诈的环境。但随着年纪的增长、阅历的增加，自己被人设计陷害，她就再也不是当初那个武才人了——她不但主宰了自己的人生，还变成了大唐帝国的核心人物，翻手为云、覆手为雨。

因为生活的压力、因为困境、因为不改变就得面临死亡的危险，谁都会做出迫不得已的选择。这就是生存的真相。

举动不是无端做出来的。

不只是人，动物、植物也有类似的趋向。据实验得知，给花草播放优美动听的音乐，花草就会长得漂亮；而给花草播放难听的噪声，花草就会长得难看。可见，向美、向善的心，是所有生命的根本。

在儿子五岁左右的某一天，我给他做了混汤面条，放了些青椒、胡萝卜、虾皮，味道好极了。

小家伙吃得眉开眼笑，忽然问："红的是什么？绿的是什么？"我告诉他之后，他又问从哪儿买的，我说是菜市场。

此时，我心中想：他问这些干什么？他那小脑瓜里的问题还真不少。哪知，接下来他问的话很奇特："卖菜的人，有没有问你是否有儿子？"我也没多想，顺嘴就说问了。

接下来，我都笑得喷饭了，因为他故意问我："那卖菜的人，问没问你儿子长得好不好看？"

原来，绕了这么大的圈子，这小子是在自夸呢。

天哪！这么大点的人，想法还真不少呢，自恋到什么地步了！然而，静下心来想想，这也在情理之中——小孩子无非想得到重视，他所有问题都源自对自己容貌的自信。

人的举动当然不是无端做出来的，而是有原因的，正与"取次花丛懒回顾，半缘修道半缘君"这句诗有异曲同工之妙。

人的心思变化，如天气的阴晴转换，着实有趣。而为人行事，真的不是无端做出的。

## 11. 自我构建，心理防御机制

自己真正的需求无法得到满足而产生挫折感时，为了解除内心的不安，就会编造一些理由进行自我安慰，以期消除紧张，减轻压力。

生而为人，有很多束缚。适者生存不单是对人而言，一切生物都要遵守这个法则，这就涉及了一个人的自我构建。

人生是一个有趣的过程，很多人一辈子都不清楚自己究竟有什么

特长，能做好什么、能精通什么。自知之明、自我构建，都是提升一个人优质人生的前提和保证。

自我构建，是指一个人认为自己与他人分离或联系的程度。

一位继母根本不喜欢丈夫前妻所生之子，但恐遭人非议，便以过分溺爱、放纵的方式来表示自己很"爱"他。

还有一位继母，当初因自己不能生育离了婚，嫁给这一任丈夫后，本是把这个男人的女儿当成自己的孩子养，可是没想到，她竟然在婚后三年时怀孕了，自己也生了一个女孩。

之后，她对原来的孩子再不肯相容，那个孩子吃什么、穿什么、用什么，她都心疼，还总让孩子帮着做家务。这种心态也是不可取的，自作恶，不可赎。结果，她的亲生女儿因为娇生惯养，早早就辍学了进入社会瞎混，她自己也气得得了一身病。

自我构建不是谁都会成功的。一个喜欢吃糖的女孩，总被妈妈告诫吃糖会得蛀牙，所以每次与妈妈逛超市时，她总会指着糖果对周围的小朋友说："不可以吃糖，吃糖会得蛀牙，妈妈不喜欢的。"

其他故事如"掩耳盗铃""此地无银三百两"等，都是反向的表现。反向行为如使用恰当，可帮助人提升生活质量。但若过度使用，不断压抑心中的欲望或动机，且以反向行为表现出来，轻者会不敢面对自己，活得很辛苦、很孤独；重者将会形成严重的心理困扰。在很多精神病患者身上，可以发现此种防卫机制被过度使用。

人的思想是极其复杂的，自我构建过程大多与周围大环境有关，并且彼此影响。《伊索寓言》里有这样一个故事：从前，有一只狐狸走进葡萄园中，看到架子上长满了熟葡萄，它很想吃。但因架子太高，它跳了数次都够不着，无法吃到葡萄。它就对其他动物说，那些葡萄是酸的，它不想吃了。

葡萄是甜的，狐狸只是因为吃不到，就故意说葡萄是酸的。

在日常生活中，像这样的例子有很多。例如，相貌平平的女子，特别爱讽刺美丽的女子："这种女人就是红颜祸水""自古红颜多薄命"；追不到女孩的男孩，喜欢说："这种女人品德不端、水性杨花，倒追我都不要。"总之，当我们受到挫折时，就会找理由丑化我们得不到的东西。这种自我构建，就属于自欺欺人的自骗机制。

自己真正的需求无法得到满足而产生挫折感时，为了解除内心的不安，就会编造一些理由进行自我安慰，以期消除紧张，减轻压力，使自己从不满、不安等消极心理状态中解脱出来，保护自己免受伤害。这就是"酸葡萄心理"。

鲁迅先生笔下的阿Q，就是酸葡萄心理最有力的代表，他窝囊、可叹的一生全在自我开解中度过了，但也得到了所谓的心平气和。

说到自我构建，不得不提到小孩子。

对于孩子来说，现如今条件好了，很多家长会送他们去接受早教，以为这对他们的成长是最大的裨益。其实，在家里带孩子一起做

亲子游戏，或者是户外活动这种直观的自我构建，益处比早教强很多倍。

孩子接受新鲜事物的能力，比我们想象中要强。据相关研究，六岁前的孩子都处于"有吸收力的思维"时期，他们会敏捷地将周围的环境和经验"复制"，然后构建自我。身为父母，应该给孩子提供各种可利用的环境和经验，来帮助他们完成自我构建。

让孩子参与到家务中来，这也是非常有意义的、积累经验的活动，这种切身参与对孩子来说会受益无穷——让孩子自己穿衣服、洗袜子、扫地、擦桌子、给花浇水等，可能非常耗时，达不到预期效果，但通过这些活动让孩子认为自己对做家务有贡献，自身价值得到了认可，从而也就锻炼了其他的各种能力。

无论大人还是孩子，自我构建都是生命中重要的一环。


平日里不乏非动机行为，比如，我们开心的时候会笑，这笑就是非动机行为。因为只是开心，所以简单地表达出非常单纯的心情。但这毕竟是生活的小插曲，强大的心理防御机制，才是游刃有余地生活的基础。

再如玩耍。且不说人有意识地想要玩什么，只说小猫玩自己的尾巴或是玩线团，那种由里及表的开心就是非动机行为，这是一种天性。

如果说心理学具有太多的目的性，那么，非目的的活动及对美的创造和体验或非动机性活动，如美术、娱乐、嬉戏、游戏、旅游等，就是另一种人生的倾情演绎。

## 12. 坚信成功，多会导致真正的成功

*意念是一个人成功的基石，只有坚定信念，树立了理想，才会与成功有缘相契。*

信仰的力量是神奇的。坚信的"信"，意义深重。人只有拥有坚定的信念，才会产生抵达理想的"信心"。

"有志者，事竟成，破釜沉舟，百二秦关终属楚；苦心人，天不负，卧薪尝胆，三千越甲可吞吴。"这副名联就是坚信会成功，最终真正成功的力证。

意念是一个人成功的基石，只有坚定信念，树立了理想，才会与成功有缘相契。

保罗·特斯通过《英国达人》舞台一唱成名。不过在 36 岁之前，他只是一名手机销售员，还因生活困难屡屡借债。

有一次，保罗·特斯因盲肠破裂住院动手术，结果开刀后，医生发现他的肾上腺长了一个10厘米的肿瘤，不得已再次开刀。经历两次手术后，他又从脚踏车上摔下来，致使锁骨骨折……

这个倒霉的手机销售员，被命运欺凌得真不知如何继续生活了。幸好，他坚持住了。站在《英国达人》的舞台上，他用歌声征服了评委和观众，获得了冠军，终于成为他自己想成为的那种人。

保罗·特斯的故事，就是"灰姑娘"的翻版。从保罗的身上，我们看到了自信与积极的态度对人生的重要意义，明白了只要坚持克服困难，咬牙挺下去，命运最终也会屈服于我们，向我们示弱——这就是我们取得成功的时候了。

没有人会一生平顺，不同阶段的坎坷和挫折在所难免，面对困难时的态度决定了你能否成功。得闲时，不妨问一问自己，能不能做自己喜欢的事，而不是为了生存不得已做自己不喜欢的事。


坚信会促使人生有所成就，无论普通人还是名人。

两百多年前，英国医师爱德华·詹纳通过无数实验，研究出了用牛痘接种，可以使人免得天花的方法。这一结论，在当时遭到多方面的强烈反对，有人说他亵渎神明，有人指责他把人当牲口，有人提议剥夺他行医的资格，有人提议把他开除出医学会。

但爱德华·詹纳不理会这些世俗的偏见和恶意的攻击，坚信自己的结论是正确的。他说："让人家去说吧，我走我的路！"事实证明，他的结论是科学的。

爱德华·詹纳靠自信打开了免疫学的大门，并拯救了无数生命。

对真理的认知是一个并不轻松的过程，因为真理最初往往站在少数人的一边。坚信会成功的人，并不只是一味地坚信而不付诸实践，而是时刻为自己的信念努力并奋斗着。

也就是说，坚信是成功的前提。但只坚信而不去实践，那即使再坚信也不过是望梅止渴，根本没有实际效用。

只有树立远大的理想，然后为之拼搏，才会接近成功，最终抵达成功——天道酬勤，说的就是这个意思。鲁迅先生说过，世上本没有路，走的人多了也便成了路。这个意思也有点相似。

阿伦尼乌斯是瑞典科学家，他创立了物理化学。年轻时，他得出电离理论后把它告诉母校的老师，没想到遭到了老师无情的讽刺。但这并没有动摇他的自信心，他把自己的理论写成学术论文，交给学校的学术委员会讨论，结果又被否决。他又把它寄给欧洲四位有名的化学家，结果这些专家肯定了他的结论。

阿伦尼乌斯继续钻研电离理论，最后获得了诺贝尔奖。

停止自我怀疑，停止自我摇摆，坚持自己的信仰是通往成功的必由之路，你才会真正的成功。因为不能坚信目标，而与更大的成功失之交臂，这难道是你想要的吗？

一位牧羊人带着两个幼子给别人放羊为生。一天，他们赶着羊来

到一个山坡上，一群大雁鸣叫着从他们头顶飞过，并很快消失在远方。

小儿子问牧羊人："父亲，大雁要飞往哪里？"

牧羊人说："它们要去一个温暖的地方，在那里安家并度过寒冷的冬天。"

大儿子眨着眼睛羡慕地说："要是我也能像大雁那样飞起来就好了。"

小儿子也说："要是能做一只会飞的大雁该多好啊！"

牧羊人沉默了一会儿，然后对两个儿子说："只要你们想，你们就能飞起来。"

两个儿子试了试，但没能飞起来。于是，他们用怀疑的眼神望着父亲。

牧羊人说："让我飞给你们看。"说完，他就张开了双臂，但也没能飞起来。可是，他肯定地说，"我因为年纪大了才飞不起来，你们还小，只要不断努力，将来一定能飞起来，飞到想去的地方。"

两个儿子牢牢记住了父亲的话，并一直努力着。等到他们长大，哥哥 36 岁，弟弟 32 岁时，他们果然"飞"起来了。他们就是美国著名的莱特兄弟。

那位牧羊人，莱特兄弟的父亲，即使他处于穷苦的生活中，但也给了两个孩子理想的助力，让他们相信：坚信成功，就会真正抵达成功。

坚信是成功者必备的素质。无论遭遇困难、挫折，还是面对误解、忽视，想想你对坚信的认同，想想此时此刻你对愿景和使命的信仰，你将鼓励自己继续前行，一以贯之，担负起自己的责任和义务。

现在，你才刚刚开始迈向成功的第一步，而更好的未来，就是从"坚信"开始的。别犹豫，行动起来！